江苏省产学研合作项目（BY2019190）资助

天然植物中有效成分的提取及应用研究

王记莲　著

中国矿业大学出版社

·徐州·

内 容 简 介

天然产物活性成分是指从天然资源中提取的具有独特功能和生物活性的化合物,其中许多有效成分是疾病防治、强身健体的物质基础。天然产物安全性高,已成为医药、食品及饲料的重要来源,而植物源天然产物是天然产物重点研究对象。本书主要通过梳理天然植物中有效成分的生物活性、提取纯化方法,从三种耐盐植物中提取黄酮、色素、亚油酸、花青素等有效成分,并对各提取物的特性及应用做初步探讨。耐盐植物的开发和利用,对于开发新的药用资源、保健食品、纺织原料以及海滨滩涂农业的可持续发展和国家沿海大开发战略的实施有着无法估量的经济效益、生态效益和社会效益。

本书可供从事药物化学、食品工业、纺织工业等学科领域的教学、科研及技术开发人员阅读,对相关学科从业人员也具有较高的参考价值。

图书在版编目(CIP)数据

天然植物中有效成分的提取及应用研究/王记莲著

. —徐州:中国矿业大学出版社,2022.9

ISBN 978 - 7 - 5646 - 5401 - 6

Ⅰ. ①天… Ⅱ. ①王… Ⅲ. ①耐盐性—植物—成分—
提取—研究 Ⅳ. ①Q948.113

中国版本图书馆 CIP 数据核字(2022)第 092076 号

书 名	天然植物中有效成分的提取及应用研究	
著 者	王记莲	
责任编辑	周 红	
出版发行	中国矿业大学出版社有限责任公司	
	(江苏省徐州市解放南路 邮编 221008)	
营销热线	(0516)83884103 83885105	
出版服务	(0516)83995789 83884920	
网 址	http://www.cumtp.com E-mail:cumtpvip@cumtp.com	
印 刷	苏州市古得堡数码印刷有限公司	
开 本	787 mm×1092 mm 1/16 印张 10.25 字数 262 千字	
版次印次	2022 年 9 月第 1 版 2022 年 9 月第 1 次印刷	
定 价	58.00 元	

(图书出现印装质量问题,本社负责调换)

前　言

　　天然产物主要有植物源、动物源以及微生物源等资源。天然产物活性成分是指从天然资源中提取的具有独特功能和生物活性的化合物，其中许多有效成分是疾病防治、强身健体的物质基础。天然产物安全性高，已成为医药、食品及饲料的重要来源。我国天然产物资源丰富，在开展天然产物化学研究中占优势。植物源天然产物是天然产物重点研究对象，因为植物是地球上生命起源最早、种类演化最丰富的生物。

　　自然界中天然植物的种类很多，且天然植物中含有多种有效而又复杂的化学成分，这些成分可分为有机酸、挥发油、香豆素、甾体类、苷类、生物碱、糖类、植物色素等。植物中有效成分的提取分离技术是根据植物中有效成分在不同条件下的存在状态、形状、溶解性等物理和化学性质来确定的。目前被广泛使用的分离技术可分为膜分离法和传统分离法两种，传统分离法又分为水蒸气蒸馏法、升华法、冷浸法、沉淀法、渗漉法、煎煮法、索氏提取法等。这些分离方法都具有一定的局限性，如效率低、溶剂用量大、操作复杂、提取时间长等。随着现代科学技术的飞速发展，一些新型提取分离技术应时而生，如超声波萃取技术(SE)、超临界萃取技术(SFE)、微波萃取技术(MAE)、大孔树脂吸附分离技术、生物酶解技术、分子印迹分离技术(MIT)、高速逆流色谱分离技术(HSC-CC)等。

　　苏北沿海滩涂资源丰富，拥有滩涂面积1 130万亩，占全国滩涂面积的1/4以上。本书主要通过梳理天然产物中有效成分的生物活性、提取纯化方法，从三种耐盐植物中提取黄酮、色素、亚油酸、花青素等有效成分，并对各提取物的特性及应用做初步探讨。通过以上研究，可以实现对沿海滩涂生态系统的改善和对盐土的垦殖利用，为沿海滩涂资源开发打下坚实的基础；促进农业结构调整和增长方式转变；促进企业的产品升级换代，实现纺织品多功能化；带动农民就业和创收，为本地区的可持续发展提供新的途径，为发展资源节约型和环境友好型的现代工业和建设社会主义新农村做出积极的贡献，实现本地区经济效益、社会效益和生态效益的同步发展。

全书共6章。第1章综述天然植物中有效成分的生物活性及提取技术的国内外研究现状，介绍了本书研究的背景及意义。第2章采用超声波强化提取盐地碱蓬中的黄酮类化合物，通过正交实验确定了超声辅助提取盐地碱蓬中黄酮类物质的最佳工艺条件，采用大孔吸附树脂对提取得到的黄酮类化合物进行纯化并得出最佳纯化工艺，进一步研究了盐地碱蓬黄酮类化合物的抗氧化活性，为盐地碱蓬的利用和开发提供参考。第3章以盐地碱蓬为原料，对碱蓬红色素的提取工艺及稳定性进行研究，并进一步研究盐地碱蓬红色素上染改性棉织物的抗菌性能，为碱蓬红色素的进一步利用提供理论依据。第4章采用双水相（乙醇-硫酸铵）和超声联合提取技术来提取红菊苣叶中的花青素，通过单因素实验考察乙醇质量分数、硫酸铵质量分数、超声波频率、液料比等对花青素提取的影响，并利用 Design Expert 8.0 软件进行 Box-behnken 中心组合实验建立数学模型，以响应面分析优化提取条件，得出理论最佳工艺方案并结合生产实际得出实际最佳提取条件。同时，以改性淀粉为壁材，制备花青素微胶囊，提高其稳定性，为红菊苣相关保健食品的开发提供实验依据。第5章采用极性较大的甲醇/氯仿体系为提取液，采用超声辅助提取海蓬子籽油，通过正交实验法研究了主要影响因素对海蓬子籽中亚油酸的提取率的影响，确定了超声辅助提取海蓬子籽中亚油酸的最佳工艺条件；采用尿素包合法纯化海蓬子籽油中的亚油酸，并对包合条件进行探讨，以确定最佳工艺条件，为本书研究提供可靠数据支撑。第6章为本书的结论与展望部分：随着国家沿海大开发战略的实施，盐地碱蓬、红菊苣、海蓬子作为生长在沿海滩涂上的耐海水植物、盐碱地改造的"先锋植物"，是具有广阔应用前景的潜在野生植物资源。它们具有适应性强、分布广泛、耐盐性强、产量高等生物学特性；具有丰富的营养成分，可作为蔬菜、油料作物、药物、食用色素、纺织原料等进行开发利用。

本书的研究工作得到了江苏省产学研合作项目（BY2019190）的资助。在本书编写过程中，瞿才新教授、项东升教授、王燕教授、曹建亮教授等提出了许多宝贵的意见和建议，并得到了单位领导、老师及同行的关心帮助和大力支持。在此，向他们一并表示衷心感谢。由于水平有限，书中不妥之处在所难免，恳请广大读者和同行不吝指正。

著　者

2022 年 5 月于盐城工业职业技术学院

目 录

1　天然植物中有效成分的生物活性及提取方法研究进展

>>>

1.1　引言

随着社会的发展及人类疾病谱的改变,医疗不仅仅是单纯的疾病治疗,而是逐渐转变成预防、保健、治疗、康复相结合的治疗。目前,在世界许多国家,植物药已成为更受消费者欢迎的药品,天然药物已经突破30％的市场份额,全球中草药销量以每年10％的速度增长。从全球来看,天然药物主要在亚洲、欧洲与美国三个区域应用。虽然人工合成的药物在药物研发中占较大比例,但临床上应用的诸多药物均直接或间接来自天然产物,如吗啡、奎宁、青霉素、青蒿素、紫杉醇、石杉碱甲、加兰他敏、地高辛、雷帕霉素等都是直接来自天然产物的药物,这些天然药物的发现为人类的健康做出了不可磨灭的贡献。市场上保健品种类很多,可以提高机体免疫力、抗衰老、预防疾病等,给人们身心健康提供保障,如大豆黄酮和异黄酮、小檗碱、黄瓜籽多肽、植物皂苷类等可以预防老年人骨质疏松;鱼油、葡萄籽、辅酶Q10等可以预防心脑血管疾病。因此天然产物的开发与应用一直受到人们的广泛关注。

天然产物的化学研究在人类健康和国民经济中有着不可忽视的作用,在医药、工业、农业等方面一直受到重视。如在医药中,将近30％的上市新药来源于天然产物。我国天然产物资源丰富,在开展天然产物化学研究中占有一定优势,从天然产物及其衍生物中寻找具有显著活性的先导化合物成为创制新药的重要途径。

天然产物的来源主要有植物源、动物源以及微生物源等几类。天然产物活性成分是指从上述资源中提取的具有独特功能和生物活性的化合物,其中许多有效成分是疾病防治、强身健体的物质基础。天然产物活性成分包括有黄酮、多酚、萜类等几百种,其分子主要特点有:相对分子质量较低(从几百到几千);具有一定的极性,可溶于许多有机溶剂中。在天然产物分离纯化上取得突破,开发高效的天然产物分离方法对彻底改变中国天然产物开发层次低、生产方式粗放、技术落后等有重要作用,对我国中药现代化及改造和提升传统中药行业有重要意义。

1.2　植物源天然产物的开发研究

植物源天然产物是天然产物的重点研究对象,因为植物是地球上生命起源最早、种类演化最丰富的生物。植物通过光合作用将自然界中的无机物转化合成为体内需要的有机物,而且其中部分是植物特有的,例如构成细胞壁的木质素和纤维素等。而且,植物面临恶劣环境或者危害时,自身无法躲避,只有对环境"逆来顺受",但为了生存,植物需对自身进行调节,故在体内形成特有的化合物或次生代谢物来应对"胁迫",其中不少组分或植株被人们当作珍贵药材。例如,石荠苧(mosla scabra)是中国西南地区广泛种植的一种植物,常作为退烧和抗病毒药来治疗感冒、发烧、慢性支气管炎等。有学者基于石荠苧的提取物具有抗菌活性,用感染流感病毒的小鼠验证了其水提取物还有抗流感病毒的作用,石荠苧水提物在感染流感病毒小鼠体内所起的角色是免疫调控剂和抗病毒抑制剂[1]。另有研究证明,铁线莲水提取物对白细胞介素-1(interleukin-1,IL-1)和α-肿瘤坏死因子有抑制作用,观察患有关节炎的大鼠,结果显示服用铁线莲水提物炎症明显减轻,铁线莲的有益作用在于其调节炎性细胞因子能产生滑膜细胞(关节炎发病机理的关键角色)[2]。充分利用植物这一丰富资源来开发新药是我国药学领域的一项重要内容。

被子植物根、茎、叶、花和种子等不同器官的功能不一样,药用物质的含量也不同,所以可针对性地开发植物不同器官或具体器官的药用价值。

根是植物与土壤交流的器官和场所,根不仅从土壤中吸收植物所需要的矿物质和水分,还贮藏植物自身合成的多种重要初生和次生化合物,所以研究植物的根或从植物根中提取天然产物较为广泛。例如,睡茄交酯是存在于南非醉茄(withania somnifera)根和叶子中的一类次代谢产物,其中睡茄交酯-A(withanolide-A)具有药理活性,有研究证明在半固体培养基中添加 0.5 mg/L 吲哚-3-丁酸(indole-3-butyric acid,IBA)和 30 g/L蔗糖培养南非醉茄叶切片诱导不定根,不定根中产生的睡茄交酯-A 是叶片中的 20 倍,这为大量生产睡茄交酯-A 开辟了市场[3]。紫草科植物的根含有大量有价值的代谢物,是民间常用药。这些代谢物在植物中功能性的分布可能与抗微生物有关,所以用乙醇对两种紫草科植物的根进行提取,进而研究该根提取物对木豆的生长、质量和根际处两种真菌的影响,结果表明两种铁线莲根的乙醇提取物降低了木豆鲜重但提高了其干重;木豆叶片中的水溶物含量上升,某些生理学参数如叶绿素、蛋白质和碳水化合物等含量均受该提取物的显著影响;木豆根际处镰刀真菌和纹枯病真菌群落的可变数量减少[4]。葛根的记载可追溯于《神农本草经》,书中介绍葛根是一种豆科野葛的干燥根。葛根在中国被认为是药食两用植物,药效功能为生津止渴、诱发麻疹、解肌退热和升阳止泻等(国家药典委员会,2005)。葛根中主要含葛根素、大豆苷和大豆苷元等异黄酮类药效成分,其多种药理均被研究应用。

叶片是植物合成能量的加工厂,为了评价龙葵和狮子耳叶片的多种潜能,研究人员分别用丙酮、甲醇和水对其叶片进行提取,研究该两种叶片的营养成分、植物化学活性、抗氧化和抗菌活性等,结果证明龙葵和狮子耳的叶中富含水分、灰分、粗蛋白、粗脂肪、粗纤维和碳水化合物,同时还测定了矿物质和化学成分含量[mg/(100 g 干物质)],与推荐膳食津贴(recommended dietary allowance,RDA)的营养和化学组分供应量比较,龙葵和狮子耳叶片中所含的营养素、矿物质、植物素均是可观的,且毒物水平低[5]。银杏叶中的提取物作为中药在中国的应用有几千年的历史,如今发展成各种各样指定的银杏叶制备剂,类黄酮和萜类化合物是其所含的主要生物活性物质。此外,新发现银杏叶提取物对人体的血红细胞有双重药效,既有促进作用又有破坏作用,所起角色依赖于是否有外在压力出现[6]。菊科植物刺棘蓟被证明其叶子的丙酮提取物对非胰磷脂酶A2 的抑制作用强于茎[7]。

但是,苍耳、苘麻和曼陀罗的茎提取物的化感作用非常明显,且强于根提取物[8]。故植物各器官的作用视研究目的而定,如钦旦新等[9]研究产于缅甸的两种樟属植物和茎皮中的非极性成分,并与中药肉桂进行比较,结果明确了两种樟属植物的挥发性、半挥发性成分的化学组成,提示该两种植物可作为肉桂的替用品。另外,黄瑞香(属于瑞香科瑞香属)其茎皮所含的祖师麻有祛瘀止痛、疏风通络之功效,可治疗头痛、牙痛、肝区痛、跌打损伤和风湿关节痛等(全国中草药汇编编写组,1977)。有研究进一步分离黄瑞香的茎皮提取物,新发现了3个二萜原酸酯类化合物,其镇痛实验表明3个二萜原酸酯类具有较强的镇痛活性。对单体化合物进行体外抗肿瘤活性研究,发现3个二萜原酸酯化合物都具有强抗肿瘤活性。植物茎叶有时同时被研究,例如,蝙蝠葛的茎叶石油醚提取物被证明有较好的抑菌作用,对食品有一定的防腐效果,可以作为天然的食品防腐剂。忍冬是传统中药,有关研究人员对忍冬茎叶中的成分进行研究,发现其茎叶中所含的活性物质与研究较多的花蕾相似,扩大了忍冬的药源。

有些植物的花颜色鲜艳、气味芬芳,不仅具有欣赏价值,还可用于制造香水。从花中提取的香料物质是香水行业制造香水的重要原料。重要的商业香料植物如木樨科的茉莉花,Bhattacharya 等[10]研究了其的离体增殖,发现木本观赏藤植物的花可生产出芳香油。当然,植物的花除了欣赏和制香水外,其药用价值不容忽视,例如金银花,传统医学认为金银花具有清热解毒、凉散风热的功能,法定药用金银花正品是以其干燥的花蕾或带初开花制成的(国家药典委员会,2005)。类似的还有蓝睡莲,在印度和尼泊尔蓝睡莲花提取物常被用来治疗糖尿病。不同研究表明蓝睡莲花提取物对四氧嘧啶诱导的患糖尿病大鼠起抗高血糖药作用。Huang 等[11]还发现蓝睡莲花提取物对中国仓鼠的肠 α-葡萄糖苷酶有显著的抑制活性,而且没有显现出任何急性毒性或基因毒性,有利于抑制糖尿病患者餐后的多糖症,是安全有效的天然抗糖尿病药。

种子对于植物繁衍后代功不可没,同时在人类的生活中更是扮演着重要的角色,例如水稻、小麦、玉米和黄豆等。植物种子中的初生化合物是人类生活中必不可少的食物,但是植物种子除了含有重要的初生化合物外,还含有重要的次生化合物,例如,鹰嘴豆中富含不饱和脂肪酸(unsaturated fatty acid,UFA),其是生产功能性油的重要资源。大豆异黄酮(soybean isoflavone,SI)是大豆中一类多酚化合物的总称,是具有广泛营养学价值和健康保护作用的非固醇类物质。为了充分利用资源,很多植物果实在提炼出主要物质后其残渣仍再被利用。如苹果渣是在榨取苹果汁后产生的,对苹果渣的再利用延伸到发酵沼气、食物配料和生产特有化合物(包括苹果籽油和多酚等)等领域。Fu 等[12]发现超声波法可以有效提取苹果废料中的木聚糖。相似还有柑橘的应用,流行病研究显示柑橘属的果实有益于治疗退化性疾病和某些癌症[13]。这使得过去几年里柑橘消耗显著提高,尤其是家庭和工业中柑橘属果实作为果汁被大量消耗,从而导致了大量副产品的累积,例如橘皮、柑橘种子和隔膜残渣等,这些副产品可以用于生产糖浆、精油、柠檬油精和牲口饲料[14]。此外,柑橘副产品还是酚类化合物的来源,尤其是特有的黄烷酮,目前从橘皮中提取这类化合物作为食物中天然的抗氧化剂受到科学家相当大的关注[15-16]。

1.3 黄酮类化合物的生物活性及提取方法研究进展

黄酮类化合物(flavonoids)广泛存在于绿色植物中,属于长期自然选择过程中形成的次级代谢产物,是一类具有不同结构及性质的多酚化合物。1952 年以前,黄酮类化合物主要是指具有基本母核 2-苯基色原酮的一系列化合物,结构中含有羰基,大多呈金黄色或淡黄色,故称之为黄酮。黄酮类化合物种类繁多,结构复杂。其中白杨素是 1814年被发现的第一个黄酮类化合物。到 1980 年已经分离出的黄酮类化合物约有 4 000 多种,包括甙及甙元。植物中的黄酮类化合物主要以甙的形式存在,部分以游离苷元形式存在,其中以黄酮醇类较为常见,其次是黄酮类,其余则较少见。黄酮类化合物是植物源食物中最常见、摄入量最大的植物多酚。在人的饮食中,水果、蔬菜、葡萄酒和茶等是黄酮类化合物的重要来源。目前认为膳食类黄酮类化合物也需要经过详细的评估,建立健康人群膳食参考摄入量。一些病例研究发现,水果及蔬菜的消费量与多种退化性疾病,如癌症、心血管疾病及免疫功能障碍的发病率和死亡率呈负相关。近年来研究表明,黄酮类化合物具有多种生理活性,如清除自由基、抗氧化、抗肿瘤、抗菌、抗病毒和调节免疫、防治血管硬化、降血糖等,且许多黄酮类化合物被证明有抗 HIV 病毒活性。因此黄酮类化合物已成为新药开发的重要资源。

1.3.1 黄酮类化合物的基本结构和分类

黄酮类化合物主要是指具有基本母核 2-苯基色原酮的一系列化合物,目前泛指两个具有酚羟基的苯环(A 与 B)通过中央三碳原子相互连接而成的一系列化合物[15],其基本骨架见图 1-1。根据两个苯环(A 与 B)、中央三碳链饱和及氧化程度,B 环连接位置的不同等特点,将黄酮类化合物分为以下不同类型:黄酮类和黄酮醇类、二氢黄酮和二氢黄酮醇类、异黄酮类和二氢异黄酮类、查耳酮和二氢查耳酮类、橙酮类、花色素类和黄烷醇类、双黄酮类、双苯吡酮类。其基本骨架见图 1-2。天然黄酮类化合物在 A、B 环上几乎都有取代基,取代基一般是羟基、甲氧基及异戊烯基等。植物体中,黄酮类化合物因所处位置不同,其存在形式也不尽相同。木质部中,黄酮类化合物多以游离苷元形式存在;而在花、叶、果实中,大多以糖苷形式存在,如 O—糖苷、C—糖苷。

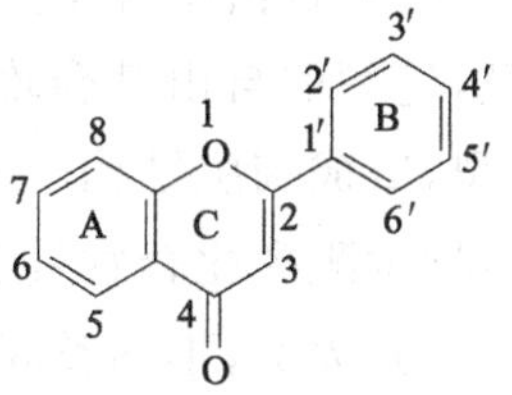

图 1-1　黄酮类化合物骨架
(2-苯基色原酮)

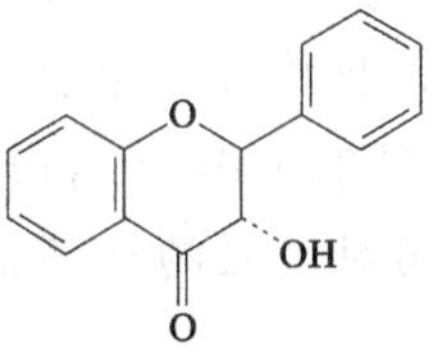

1. 黄烷酮(醇)类 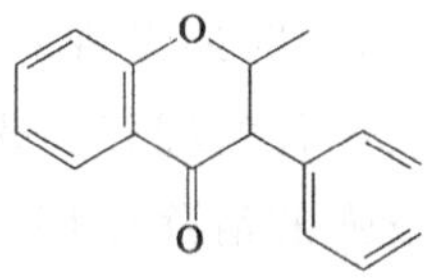　　　　　　　2. 异黄酮类

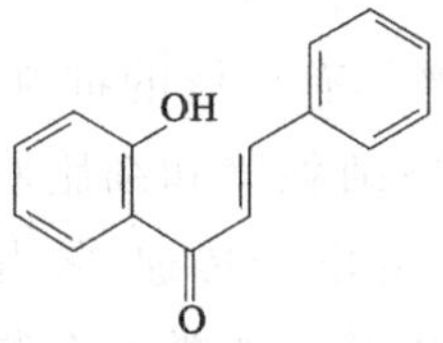

3. 查尔酮类 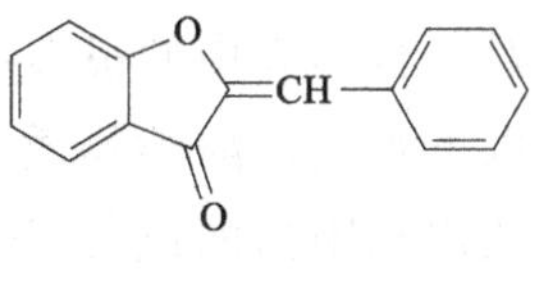　　　　　　　4. 橙酮类

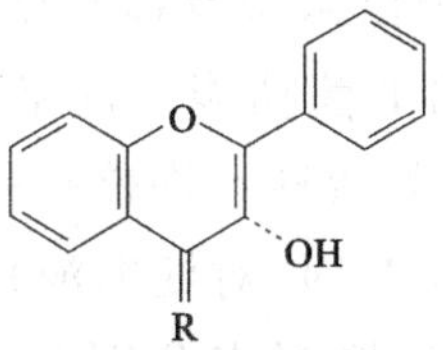

5. 黄烷(醇)类 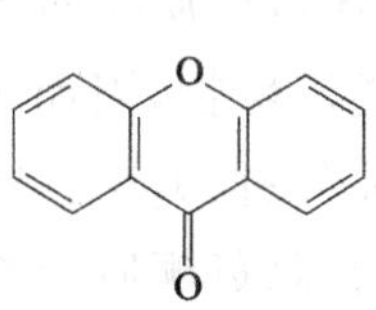　　　　　　　6. 苯色原酮类

图 1-2　几种黄酮类骨架

1.3.2 黄酮类化合物的生物活性

黄酮类化合物作为植物中的天然活性成分,具有广泛的药理功能,不仅有着显著的

抗氧化活性,在降血糖血脂、保护肝脏、抗肿瘤、抑制病毒、抗炎症、抗菌、提高免疫力、改善心血管系统疾病等方面也表现出较好的治疗效果。因此,黄酮类化合物在生物医药开发和食品加工生产等领域越来越受到重视。

1.3.2.1 清除自由基作用

自由基是人体生命代谢过程中生物化学反应的中间产物,它可以引发癌症、衰老、心血管退化等退变性疾病。在生命活动过程中,各种自由基不断地产生。超氧阴离子自由基、羟基自由基等是生物体内较常见的自由基。某些病理状态下,自由基动态平衡被打破,过剩的自由基会攻击糖类、蛋白质、脂类、核酸等大分子导致氧化变性,DNA 交联、断裂,造成细胞结构改变,进而引起以上退变性疾病。

生物黄酮类化合物具有很好的清除自由基能力。目前已报道的天然黄酮类化合物可以分为九大类,不同类间以及每一类不同的黄酮单体之间其抗氧化活性存在较大差异。这是由于其清除自由基的能力是由具体的化学结构所决定的。实验研究表明,黄酮类化合物在抗氧化过程中不但能够清除链引发阶段产生的自由基,而且还可以直接去捕获自由基反应链中产生的自由基,阻断链反应,能起到预防、断链的双重作用,是优良的天然抗氧化剂,其具体的反应机制推测可能是黄酮化合物结构的酚羟基与自由基反应得到共振而很稳定的半醌式结构,从而有效地终止了自由基链式反应。Huang 等[17]研究了杜仲叶黄酮的体外抗氧化活性,结果显示其对超氧阴离子自由基和羟基自由基都有较好的清除效果,同时还发现其总还原能力及总抗氧化能力也较好。研究显示短瓣金莲花中总黄酮及四种黄酮苷类化合物在体外对 DPPH 自由基、羟基自由基和超氧阴离子自由基具有较强的清除作用,同时还表明对大鼠的红细胞氧化性溶血也有较强的抑制作用。

1.3.2.2 抑菌作用

黄酮类化合物对于自然界中的很多病原微生物具有广泛的抑制及杀灭作用。对于它的抗菌机制存在以下观点。酚类物质会损坏生物细胞壁和细胞膜的完整性,从而导致微生物的细胞释放出细胞内的成分,进而造成膜的电子传递、核苷酸合成、营养吸收及 ATP 活性等功能缺陷障碍,最终抑制微生物的生长。酚类化合物及它的衍生物,一般呈现弱酸性,可以造成蛋白质凝固或变性,故表现出杀菌及抑制作用。黄酮类化合物在化学结构上属于酚类衍生物,因而表现出一定的抑菌功能。近年来的很多研究也证明了黄酮类化合物在体外抑菌实验中表现出的抑菌活性。许伟等[18]研究了芦苇叶总黄酮的抑菌效果,发现在总黄酮质量浓度为 1 mg/mL 时,对淀粉液化芽孢杆菌、大肠杆菌、铜绿假单胞菌和黑曲霉都有一定的抑制作用,抑制率分别为 84.83%、45.78%、68.53%、26.83%。常丽新等[19]通过微波辅助法提取丁香叶中的黄酮,而且研究了其对白葡萄球菌、金黄色葡萄球菌及大肠杆菌的抑制作用,结果发现丁香叶黄酮对这三种细菌均有较好的抑制作用,且对大肠杆菌的抑制效果最突出。

1.3.2.3 保护肝脏

肝脏是人体最重要的器官之一。保护肝脏、预防肝脏疾病受到人们越来越多的重视。研究表明,通过给小鼠灌胃从绿豆中提取得到的黄酮类化合物,能够显著降低小鼠急性酒精性肝损伤。Zou 等[20]研究表明,通过给小鼠灌胃苹果果肉黄酮类(RAFF)提取物,显著降低了肝脏丙二醛活性,并阻止了 CCl_4 诱导的肝脏内多种氧化酶水平的降低,以及谷胱甘肽水平的降低。此外,RAFF 预处理的组织病理学观察显示,RAFF 可抑制 CCl_4 引起的肝脏炎症细胞浸润和细胞边界丢失。

1.3.2.4 抗肿瘤、抗癌作用

黄酮类化合物抗癌及抗肿瘤作用的研究已经由来已久。在很早之前人们就发现饮食习惯与癌症的发生之间存在着一定的关系。比如饮食中大豆的含量与乳腺癌的发生有着密切的关系,而且大豆中丰富的异黄酮也可以抑制肠道癌的发生[21]。目前,关于黄酮类化合物的抗肿瘤活性已经得到了医学界的肯定与关注,它已经成为药物化学研究的热点与重点,并且到目前为止,已经有多个黄酮类化合物抗肿瘤药进入临床。现有的研究认为,黄酮类化合物抗癌、抗肿瘤作用主要是通过以下途径达到的:抗氧化和清除自由基作用、抑制癌细胞的生长增殖、抗致癌因子、抑制血管的生成及提高机体的免疫力等。而黄酮类化合物抑制癌细胞的生长则主要借助诱导细胞凋亡、干预细胞信号转导、促进抗肿瘤细胞的增殖、促进抑癌基因的表达等途径来实现。黄酮类化合物可以作用于肿瘤细胞的 M 期或 S 期,通过干扰肿瘤细胞的细胞周期以抑制肿瘤的生长增殖。研究认为,黄酮类化合物能够以细胞周期蛋白依赖性激酶(CDK)、基质金属蛋白酶、硫氧还蛋白还原酶、丝裂原活化蛋白激酶(MAPK)等作为抗肿瘤作用的靶点。黄酮类化合物可以通过抑制各种细胞信号转导途径中的蛋白激酶,从而干扰细胞信号转导,诱导细胞凋亡,促进抗肿瘤细胞的增殖及抑癌基因的表达。

细胞周期蛋白依赖性激酶(CDK)抑制剂可以有效地阻止癌细胞的周期进程,从而抑制肿瘤细胞增生。如新型的小分子细胞周期抑制剂(flavopiridol),它对多种肿瘤都具有强烈的抑制活性,可以直接抑制细胞周期蛋白依赖性激酶(CDK)的活性及细胞周期素 D1 以及表皮生长因子受体(EGFR)的转录,从而下调其表达水平、诱导肿瘤细胞凋亡及抗血管生成。比如临床常用抗癌药物水飞蓟素能够明显地诱导细胞周期蛋白依赖性激酶(CDK)抑制物的表达,降低细胞周期蛋白依赖性激酶(CDK)以及相关的周期蛋白活性,最终导致细胞周期阻滞在 G1 期[22]。

细胞凋亡是一个主动的过程,是生物细胞为了更好地适应生存环境而主动采取的一种死亡方式,其涉及了一系列基因的激活、表达及调控等复杂过程。细胞凋亡与疾病有密切的关系,凋亡如果受到抑制,就有可能导致肿瘤的发生。除此以外,黄酮类化合物还可以通过增强肿瘤坏死因子、抑制致癌剂及抗氧化等多种途径发挥作用。黄酮类化合物具有多种生物学活性,因此,探讨其对肿瘤发病进程的抑制作用,必会有益于肿瘤的预防及治疗。因此,对黄酮类化合物展开有针对性的筛选及研究将非常有助于创新药物的发现。

杜虹韦等[23]研究了黄芪黄酮对 S180 小鼠肿瘤细胞凋亡的影响,采用体内结合体外

的多种检测方法,结果表明黄芪黄酮抑瘤率高于 55%。另外有研究认为,在小鼠体内,藤本豆荚总黄酮对 S180 肉瘤的抑瘤率为 59.15%。Wang 等[24]的实验表明,腹腔注射黄酮类化合物可激活线粒体依赖的细胞凋亡途径,抑制小鼠人肉骨瘤的生长。有研究报道血清中黄酮类化合物浓度与中国女性乳腺癌发病风险的关系,提示血清黄酮醇和黄酮类与乳腺癌风险呈负相关,血清黄酮-3-醇与乳腺癌风险呈正相关[25]。Cassidy 等[26]研究表明,摄入更多的黄酮醇和黄酮,可能与降低卵巢癌风险有关。另有研究表明,槐角黄酮对肺癌具有潜在治疗作用。

1.3.2.5 抑制病毒作用

由 SARS-CoV-2 引起的 2019 冠状病毒(COVID-19)爆发已被公认为全球健康问题。由于目前仅能预防而尚无抗病毒药物能有效治疗 COVID-19,因此迫切需要找到新的治疗方法。美国的一份研究表明,一些黄酮类化合物,如橙皮素、杨梅素等可以与 COVID-19 的 ACE2 受体上的刺突蛋白、解旋酶和蛋白酶位点高亲和力结合,从而降低病毒的感染力[27]。来自印度的研究同样探讨了黄酮类化合物对 COVID-19 的抑制作用。Jain 等[28]利用天然黄酮类化合物,采用硅酸盐的方法抑制 COVID-19 的刺突蛋白,结果表明黄酮类化合物-蛋白质复合物具有最强的结合亲和力和最强的相互作用,其中柚皮苷-刺突蛋白复合物在新型冠状病毒刺突蛋白活性部位的结合构象较稳定,在一定程度上能够抑制病毒对细胞的侵染。黄酮类化合物除了能抑制 COVID-19,还能抑制严重急性呼吸综合征(SARS)和中东呼吸综合征冠状病毒[29]。

1.3.2.6 降糖降脂作用

随着生活条件的改善,由于不良饮食导致的高血糖、高血脂等疾病日益严重,因此,越来越多的研究学者从植物中天然活性化合物着手,寻找副作用小、安全性高的降糖降脂活性成分。研究表明,黄酮类化合物具有显著的降糖、降脂功效。有研究报道半合成的甲氰苷类黄酮衍生物,可能通过激活 AMPK 通路和增强 miR-27 的表达的途径降低高脂饮食诱导的肥胖小鼠肥胖程度,并减轻因高脂饮食带来的副作用[30]。Khaerunnisa 等[31]从茅根草中提取黄酮类化合物,并研究其作为降胆固醇药物的潜力。实验结果表明,富含黄酮类化合物的乙酸乙酯部位提取物能有效降低大鼠体内血液中的总胆固醇水平,并且使得低密度脂蛋白处于较低的水平。另外有研究报道,通过给予患有糖尿病的大鼠一定剂量的桑叶总黄酮提取物,结果表明桑叶黄酮具有一定的降血糖功能。

1.3.2.7 其他作用

黄酮类化合物除了具有以上活性外,还能够改善心血管、抗炎症和治疗阿尔茨海默病。Parmenter 等[32]指出,长期食用富含类黄酮的食物可能与降低致命和非致命缺血性心脏病、脑血管疾病和总心血管疾病的风险有关。戴小华等[33]研究表明,野山杏总黄酮能够显著抑制毛细血管通透性,从而避免因肿胀引起的炎症反应。Shishtar 等[34]认为,在美国成年人中,较高的长期膳食类黄酮摄入量与较低的阿尔茨海默病风险相关。另外,黄酮类化合物还可以作为治疗阿尔茨海默病的潜在药物。

1.3.3　黄酮类化合物的提取工艺

提取植物中的黄酮类化合物是研究其结构类型及生物功能的重要前提,目前可以运用很多不同的方法进行提取。该类化合物常见的提取方法有以下几种。

1.3.3.1　单一提取法

（1）热水提取法

大多数黄酮类化合物因具有酚羟基,易溶于热水,故可用热水提取,但仅限于黄酮苷类物质。1998 年,胡敏等[35]采用热水浸提银杏中黄铜苷,实验表明,90 ℃水回流提取 2 次,每次 4 h,将提取液经反复过滤和浓缩后,用树脂精制,最后冷冻干燥,所得银杏提取物中总黄酮苷含量为 25%（质量分数）,最高可达 40%（质量分数）,高于当时国内外文献报道的水平。何明祥[36]利用热水法从仙草中提取总黄酮,得出提取时间和料液比对黄酮的提取率影响较大。虽然热水提取法操作简单,溶剂无污染,成本低,但由于提取率较低,周期较长,并可将易溶于热水的杂质（如无机盐、蛋白质、糖类等）一并提取,从而降低黄酮类化合物的纯度,纯度低导致后续可能需要更多的纯化步骤,而纯化过程操作烦琐和耗费时间是该技术本身的缺陷,目前单一的热水提取法已经极少使用。

（2）碱溶酸沉法

黄酮类化合物大多具有酚羟基,酚羟基呈弱酸性,易溶于碱水或碱性烯醇;另外,黄酮母核遇碱开环,溶解度增大,遇酸后析出沉淀,故可利用黄酮类物质与杂质在酸碱性溶液中的溶解度差异进行提取。该工艺简单,成本较低,浸出能力强,但容易浸出杂质,不利于后续纯化。刘金香等[37]采用氢氧化钠提取银杏中的总黄酮,考虑了 pH 值、固液比、提取温度和提取时间对实验的影响,通过极差分析得知各因素对提取效果的影响顺序为:pH>提取时间>固液比>提取温度,在最佳实验条件下总黄酮提取率平均为86.4%。Li 等[38]用该法提取龙眼籽中黄酮类物质,结果发现,得率和纯度受到蛋白质和碳水化合物沉淀物等杂质的影响。

（3）有机溶剂提取法

利用有机溶剂对各类物质溶解度的差异,从植物中提取有用成分已经十分普遍。针对黄酮类物质常用醇类溶剂（如乙醇和甲醇）作为提取剂。例如,黄酮苷类可用 60%（体积比）左右醇提取,而黄酮苷元则可用 90%～95%（体积比）醇提取。赵象忠[39]用65%（体积比）乙醇提取人参果中的黄酮,当料液比为 1∶20,浸提温度为 70 ℃,pH 值为5 时,黄酮提取率高达 0.493%。Liu 等[40]优化了黄芩中总黄酮的提取工艺,确定了提取条件:52.98%（体积比）乙醇,提取 2.12 h,提取温度 62.46 ℃,液固比 35.23,此条件下总黄酮提取率为 1.943 7%。于海莲等[41]以甲醇为溶剂提取仙人掌中黄酮类化合物,各因素的影响大小依次为:时间>温度>甲醇浓度>料液比,最佳条件下提取率为0.741%。

（4）绿色溶剂提取法

有机溶剂通常不可再生,且易燃、易挥发、有毒、污染环境,当今社会对环境问题极为重视,因此寻找一种绿色提取技术逐渐成为天然产物提取分离的研究热点。Chemat等[42]对"绿色提取"进行了初步阐述:能源消耗低、溶剂可替代、资源可再生、提取物或产品安全且质量可靠。Huang等[43]研究了由天然组分制备的十三种天然低共溶溶剂的黏度、极性和溶解性等基本物理性质,结果表明,芦丁在氯化胆碱和甘油基组成的低共溶溶剂中的溶解度最高,与水相比,增加了 660~1 577 倍。Meng等[44]采用低共溶溶剂,以超声为辅助从蒲黄中提取黄酮类化合物,并以槲皮素、柚皮素等活性成分为指标,对比了常规有机溶剂(甲醇和75%乙醇)的提取效果。结果显示,使用低共溶溶剂提取效率更高。

(5)超临界流体萃取法

超临界流体萃取法溶剂和溶质易分离,且活性成分和热不稳定成分不易被分解,可保持其天然特征[45]。但该法主要应用于弱极性天然产物和手性异构体物质的分离,针对极性物质,可加入极性夹带剂(如甲醇、乙醇、丙酮等)改变溶剂的极性,扩大适用性,但找到好的夹带剂是关键。潘利华[46]采用超临界 CO_2 萃取脱脂豆粕中染料木苷,当乙醇用量为 300 mL/(100 g 脱脂豆粕),温度为 55 ℃,压力为 30 MPa,静萃取 2 h,动萃取 1 h 时,染料木苷萃取率为 794.5 $\mu g/g$。刘雯等[47]探讨了夹带剂加入方式(预浸、预浸＋动态萃取、预浸-静态萃取＋动态萃取)对超临界 CO_2 萃取银杏叶总黄酮醇苷的影响,结果表明:采用预浸＋动态萃取模式,总黄酮醇苷提取率最高,为超临界 CO_2 萃取夹带剂的加入方式提出了一个全新的思维方法。

(6)亚临界萃取法

亚临界萃取以低沸点有机物作为萃取剂,在低温减压条件下进行蒸发分离,其分离条件温和,能保持萃取物生物活性,且萃取剂可重复使用,在分离提纯领域有广泛的应用前景。2016 年,王静等[48]首次利用亚临界萃取技术萃取荨麻草中黄酮类化合物,结果显示:在液料比为 1.5：1,温度为 45 ℃,压力为 0.3 MPa 条件下萃取 1.5 h,黄酮类化合物获取率为 3.835％,该实验条件环保,并且产物也能够保持较好的生物活性。Kim等[49]研究了亚临界水在不同温度和流速下控制柑橘皮黄酮类化合物提取率的机理,提取速率曲线表明双位点动力学模型对整个提取过程拟合良好,柑橘皮黄酮类化合物的提取主要受颗粒内扩散控制。Wang等[50]建立了用亚临界乙醇从辣木叶中提取黄酮类化合物的大规模工艺流程,在最佳条件下黄酮类化合物的最高收率可达 2.60％,时间仅需 2 h,与传统的乙醇回流法相比,收率提高了 26.7％,且节能效果明显。

(7)双水相提取法

双水相体系(aqueous two-phase system,ATPS),通常是指两种亲水性化合物的水溶液在一定浓度下混合后自发形成两个互不相容的水相体系,其分离原理是利用物质在双水相体系中的选择性分配从而达到分离目的。Zhang等[51]选择以 28％(体积分数)乙醇和 22％(质量分数)K_2HPO_4 组成的双水相体系提取木豆根中染料木素和芹菜素,经分析得出染料木素和芹菜素的回收率分别为 93.8％和 94％,且 ATPS 提取物具有较高的抗氧化活性。Liu 等[52]采用乙醇-无机盐体系对金银花中黄酮类化合物进行提取纯化,研究表明,提高盐浓度或乙醇含量,可以提高顶部相的黄酮含量,在最佳条件下,萃取一次的总黄酮回收率为 98.56％,纯度为 8.86％,经过二次萃取后,纯度能达到 22.88％。

(8) 半仿生提取法

半仿生提取法(semi-bionic extraction,SBE),最初由孙秀梅、张兆旺等[53-54]提出,该法整合了整体药物研究法与分子药物研究法,具有周期短和保护药物有效成分等优点。通常半仿生技术以水为溶剂提取总黄酮,但会导致多糖、淀粉、原聚糖等杂质的产生,增加后续分离纯化的难度。Lai 等[55]以乙醇代替水,通过半仿生技术提取紫藤中的总黄酮,在最佳条件下,总黄酮得率为 4.73％。该法具有渗透性强、选择性好、浸出率高等优点,有效减少了产物中的杂质。薛璇玑等[56]以浸膏质量和黄酮含量为指标,对乙醇回流法、酶法、半仿生法和半仿生酶法在柿叶中总黄酮的提取效果进行了比较,通过正交实验分析得出,以半仿生酶法效果最佳,其次为半仿生法、酶法和乙醇回流法。Chen 等[57]研究了超声辅助半仿生提取半枝莲总黄酮的最佳工艺,当超声功率为 60 W,时间为 30 min,固液比为 1∶30(g∶mL),乙醇浓度为 60％,温度为 60 ℃时,总黄酮的提取率为 3.01％,实验表明该法适合提取半枝莲中总黄酮,为黄酮类药物及抗肿瘤中药半枝莲的开发利用提供了重要依据。

1.3.3.2 辅助提取法

(1) 蒸汽爆破辅助提取

蒸汽爆破的原理是将蒸汽加热到 180~235 ℃,压力维持数秒到数分钟后,渗进植物组织内部的蒸汽分子瞬间释放,由此蒸汽内能转化为机械能并直接作用于植物组织,使其结构遭到破坏,利于植物成分的提取。该法能耗低、绿色环保且高效。Qin 等[58]利用蒸汽爆破辅助提取无花果叶中黄酮类化合物,与未经蒸汽爆破处理相比,提取物中黄酮类化合物产量高出 55.9％。魏锦锦等[59]以蒸汽爆破预处理杜仲皮,使得植物胞间质变得疏松,破坏了杜仲皮复杂的结构,打开了活性成分溶出的通道,促进了黄酮的溶出。Dorado 等[60]采用静态蒸汽爆破法分离柑橘汁加工废料中的糖类、黄酮类化合物,考虑了静态反应器的温度和保持时间对分离效果的影响,结果显示,当温度为 170 ℃,保持时间 8 min 时,可最大限度地增加提取液中糖和黄酮的含量。

(2) 脉冲电场辅助提取

脉冲电场(pulsed electric field,PEF)是一种新兴的非加热型处理技术,其作用机理为:介于两个电极之间的样品材料,受到短时重复高压脉冲电场的冲击,细胞质膜的渗透性增强,从而使胞内物质快速流出,提高提取效率。Elisa 等[61]利用 PEF 技术辅助提取橘皮中的抗氧化成分(柚皮苷、橙皮素等),并设置无脉冲电场为对照组,实验表明,当电场强度为 5 kV/cm,脉冲频率为 20 个/60 μs 时,提取液中柚皮苷含量为 3.1 mg/(100 g),

橙皮素含量为 4.6 mg/(100 g),分别是对照组的 3.1 倍和 3.5 倍,同时提取物的抗氧化活性也增强了 148%。Siddeeg 等[62]研究了 PEF 对枣果提取物中生物活性成分、抗氧化活性及理化性质的影响。结果表明,用 PEF 处理果实,电场强度对黄酮类化合物的总含量有积极的影响,但对提取物的电导率、pH 值和可滴定酸度影响甚微,与未经 PEF 处理的样品相比,提取物具有更强的抗氧化活性。

（3）超声辅助提取

超声波的机械效应、空化效应及乳化、扩散、击碎、化学效应和热效应等使植物细胞壁及整个生物体破裂,且整个破裂过程在瞬间完成,有利于植物中有效成分的释放与溶出,并且能保证有效成分的结构和生物活性不变,有效提高了有效成分的提取率和原料的利用率。李烨等[63]优化了超声波提取竹叶黄酮的工艺参数,为车间中试和企业生产提供了一种基于超声波提取的耗时短、能耗小、操作简单的方法。Ji 等[64]采用超声法提取红花酊中的黄酮,并采用紫外分光光度法测定其含量,结果表明:红花酊中黄酮类化合物的含量为 20.6 mg/g,相比无超声辅助情况,提取时间更短,能耗更低。

（4）微波辅助提取

微波是频率介于 300 MHz～300 GHz 之间的电磁波,利用黄酮类物质与杂质对微波的吸收能力差异,可用微波辅助对其进行提取。磁控管所产生的超高频率的快速振动使样品内分子间相互碰撞和挤压产生热能,物质的介电常数越大,产热越大,产生的热量使细胞内部温度迅速上升,细胞中的水分汽化将细胞胀破,以此促进样品中有效成分的浸出。柳迪等[65]建立了微波辅助乙醇法提取胶囊类保健食品中总黄酮的提取工艺:当提取时间为 30 min,液料比为 80∶1(mL∶g),70%(体积分数)乙醇时,黄酮提取率达到 4.52%,为提取保健品中的黄酮提供了新的思路。Mangang 等[66]以最大限度地保留树皮中生物类黄酮为目标,通过响应面分析得到最佳提取参数:功率 728 W,液固比 24.70 mL/g,时间 40 min,70% 乙醇,此条件下生物类黄酮最大提取率达 1.527 4%。

（5）酶解辅助提取

酶作用能充分破坏植物的细胞壁结构及细胞间相连的果胶,使果胶完全分解成小分子物质,减小提取的传质阻力,促使黄酮类物质从植物中充分释放。王敏等[67]采用该法提取苦荞茎叶粉中总黄酮,实验表明:在相同温度、pH 值和处理时间下,经酶解工艺处理的苦荞茎叶样品总黄酮提取率是未经酶解样品的 3.08 倍,且大大缩短了提取时间。Zuorro 等[68]以纤维素酶辅助乙醇提取玉米壳中类黄酮物质,在最佳条件下,提取率可达 1.3%,该工艺使玉米壳得到了进一步的利用,同时也有利于环保。薛晶晶等[69]优化了纤维素酶辅助乙醇回流提取芹菜总黄酮的工艺,最终芹菜总黄酮的提取率为 4.17%,该法提取率高,操作方便,条件温和,有效地保证了有效成分的原生特征。

（6）机械化学辅助提取

机械化学辅助提取(mechanochemical-assisted extraction,MCAE)将机械粉碎和固相化学反应相结合,通过机械粉碎破坏细胞壁,增加颗粒的表面积和裂缝,促进溶剂进入细胞将物质溶出,而固相化学助剂与有效成分发生反应以改变其溶解性,从而提高提取率。Xie 等[70]利用机械化学辅助提取木槿中的芦丁,固体碱性试剂为 15.0%(质量分数)Na_2CO_3 和 1.5%(质量分数)$Na_2B_4O_7 \cdot 10H_2O$,在 AGO-2 型高强度行星磨上磨 4 min,浸提温度为 25 ℃,H_2O 为萃取溶剂,总浸提时间为 15 min(两次循环:10 min 和 5 min),酸化 pH 值为 5.0,溶剂/物料比为 25 mL/g,得到芦丁的最高收率 5.61 mg/g,提取率高达 96.8%。Zhu 等[71]优化了机械化学辅助提取银杏叶黄酮的条件,结果显示,固体氧化物($NaHCO_3$)含量 21%(质量分数),研磨时间 7.5 min,溶剂固比为 33 mL/g,在此条件下,银杏叶黄酮的提取率为 0.683%。另外,MCAE 法以水作为溶剂,对环境友好。

(7)动态高压微流化辅助提取

动态高压微流化(dynamic high-pressure micro-fluidization-assisted,DHPM)辅助提取的原理是通过剪切、碰撞和空化作用对样品进行高强度处理,使材料粒径减小,分散均匀,加速有效成分在溶剂中的溶解,进而有效提高活性成分的提取效率[72]。Jing 等[73]研究了 DHPM 技术对油莎草叶总黄酮提取的影响,并对其抗氧化活性和抗菌性能进行了评价。结果表明,DHPM 预处理不仅能有效地提高总黄酮的收率,而且能增强总黄酮的抗氧化活性。涂招秀等[74]研究了 DHPM 对蔓三七叶中黄酮提取率的影响,结果表明,微射流均质压力对黄酮提取率有先增加后减小的趋势。郭改等[75]以总黄酮提取率为考察指标,通过单因素及正交实验得到了油莎草总黄酮的最优提取工艺,并采用紫外与红外光谱和高效液相色谱-质谱联用法(HPLC-MS)分析了 DHPM 辅助提取对总黄酮结构和组成的影响。结果显示,DHPM 辅助提取总黄酮的提取率和抗氧化活性均有积极作用,而且该技术并未改变总黄酮的组成,仅使有些组分的比例发生了变化。

(8)加速溶剂提取

加速溶剂提取法(accelerated solvent extraction,ASE)也称加压液体萃取法,是一种用液体溶剂萃取固体或半固体样品的技术,其提取原理是通过升高常规液体溶剂的温度和压力,以此改变提取体系的分配系数和动力学特征,从而显著提高提取效率。加速溶剂提取法提取时间短,溶剂耗费少,无须过滤,较常压溶剂萃取有显著优势。牛改改等[76]优化了加速溶剂提取技术提取海刀豆中总黄酮的提取工艺,得出最佳萃取条件:压力 10.3 MPa,温度 130 ℃,时间 16 min,66%(体积分数)甲醇,循环 2 次,此条件下总黄酮提取率为 83.43%,与理论值相对偏差 −1.63%。Okiyama 等[77]利用加速溶剂提取法提取可可豆壳中黄烷醇和生物碱,实验表明,随着时间和温度的增加,提取率先增加后慢慢趋于平衡,在温度为 90 ℃,时间为 50 min 时,黄酮提取率最高。

(9)闪式提取

闪式提取器是根据组织破碎原理设计而成的一种新型提取器,通过机械剪切力和搅拌力以及高速旋转的刀刃使内外刀刃之间产生涡流负压,在室温及溶剂存在的条件下数秒内将植物组织破碎至细微颗粒,使有效成分与溶剂充分接触,并达到组织内外平衡,实现提取目的。陈卓君等[78]采用闪式提取法对玫瑰果肉中的黄酮类化合物进行提取,在最佳条件下,提取率为 5.78%。王全泽等[79]采用该装置提取罗汉松总黄酮,并考察了罗汉松总黄酮对 DPPH 自由基、O_2^- ·自由基和·OH 自由基的清除能力,经单因素和响应面分析得到最佳工艺参数。结果表明,当乙醇浓度为 71%(体积分数)、料液比为 36∶1(mL/g)、提取时间为 53 s、提取电压为 75 V 时,总黄酮提取率为 8.147%,对 DPPH 自由基、O_2^- ·自由基和·OH 自由基清除能力明显,最大清除率分别达到 87.13%、58.24% 和 67.56%。邱相坡等[80]基于响应面法优化了连翘果实总黄酮的闪式提取工艺条件,最佳条件下总黄酮提取率可达 18.256%,重复验证提取率均值为 18.030%,说明该工艺参数稳定可靠,而时间仅需 80 s。闪式提取法能最大限度地保障样品中有效成分不受热破坏,且其提取时间短、效率高、安全可靠,应用前景非常广泛。

1.3.3.3 耦合提取法

耦合提取是在单一提取和辅助提取技术基础之上多种技术串联或并行的一种强化提取工艺,耦合多种方法的优势,以达到节约时间成本、提高提取效率和产品纯度的目的。例如超临界耦合有机溶剂萃取法,前者的减压放气过程有气爆破壁作用,大大降低了有机溶剂提取时的传质阻力;此外,低极性挥发性组分的去除有利于乙醇水溶液与植物活性组分的后续渗透。Xu 等[81]研究了酶法辅助超声-微波协同提取果皮中黄酮类化合物的方法,实验表明协同作用下提取率比任何单一技术(溶剂萃取法、超声辅助萃取法和微波辅助萃取法)的提取率都要高,与之相比,分别提高了 26.50%、22.31% 和 12.98%。吴淑清等[82]以乙醇溶液为溶剂,采用复合酶(纤维素酶/果胶酶)协同超声波提取当归叶中总黄酮,结果发现,当复合酶比例为 2∶1、料液比为 1∶30(g/mL)、乙醇浓度为 50%(体积分数)、超声温度为 50 ℃时,总黄酮提取量达到最大值,为 12.6 mg/g。耦合提取法将多种技术串联或并行,虽将各技术的优势集于一体,黄酮物质的提取率有较大的提升,提取周期也明显减短,但当前大多局限于实验室提取,从黄酮类化合物工业化提取的角度来讲,设备成本和能耗将大大增加,难以实现效益最大化,因而该方法的应用具有一定的局限性。

从天然产物中提取黄酮类化合物的方法较多,提取手段基本上从有机溶剂到绿色溶剂,从单一提取法到辅助提取进而到耦合提取,目前已是多种方法的串联或耦合应用于黄酮类化合物的提取,在产品纯度、提取效率和能耗等方面取得了重大进步。各种提取技术从成本、规模和效率上各自都有其优缺点,实际过程中应综合考虑各技术的利弊进行优选。另外,含有黄酮类物质的天然植物比较多,目前大多学者研究了银杏叶、槐花、苦荞等植物中黄酮含量情况,诸如耐盐植物中黄酮物质含量也很丰富,但研究情况还很少见,这也是本课题组今后的研究重点。总的来说,提取技术虽多,但大多只能停留在实验室规模,实验室提取工艺与工业生产脱节比较严重,工业化生产和实验室研究密切接轨是今后研究的一个重点。

1.4　生物碱的生物活性及提取方法研究进展

生物碱(alkaloids)一般指存在于生物体内的碱性含氮化合物,具有碱性和显著的生理活性。一些生物碱因其具有抗肿瘤、抗癌、低毒、低成本的特点,最近已经成为人们研究的热点。科学高效地从植物中提取和分离纯化生物碱成分是提高实践应用的核心问题。因此生物碱的提取及分离纯化技术成为人们关注的焦点。

1.4.1　生物碱的概述

生物碱的发现始于 19 世纪初,是人们研究得最早、最多的一类天然有机化合物。据统计,1952 年以前共发现生物碱 950 种,到 1962 年达到 2 107 种,1972 年又上升到了 3 443 种,目前已发现生物碱约 6 000 种,并且仍以每年约 100 种的速度递增。多数生物碱具有显著的生理活性,如黄连中的小檗碱(黄连素)具有抗菌消炎作用;罗芙木中的利血平具有降压作用;长春花中的长春新碱具有抗癌活性;罂粟中的吗啡具有镇痛作用;延胡索中的去氢紫堇碱具有抗血栓的作用;包公藤中的包公藤甲素具有缩小瞳孔、降低眼压的作用,可用于治疗青光眼;海洋生物海绵中的抗体生物碱具有抗菌的作用。生物碱化学的研究,为合成药物提供了重要的线索,例如古柯碱化学的研究导致了一些局部麻醉药如普鲁卡因等的合成。此外,在研究生物碱的结构时,往往会发现新的杂体系,从而促进了杂环化合物化学的发展。正因为如此,生物碱一直是天然有机化学家的重要研究领域。生物碱大多具有明显的生物活性,且往往是许多药用植物的有效成分之一。生物碱的分类方法较多,按其植物来源可分为茄科生物碱、百合科生物碱、罂粟科生物碱等;按其生理作用可分为降压生物碱、驱虫生物碱、镇痛生物碱、抗疟生物碱等;按其性质可分为挥发碱、酚性碱、弱碱、强碱、水溶碱等。但是,最常用的分类方法是按其化学结构进行分类。结构已经研究清楚的生物碱可分为如下主要类型:吡啶类,主要是喹诺西啶类(苦参所含生物碱,如苦参碱);莨菪烷类(洋金花所含生物碱,如莨菪碱);异喹啉类,主要有苄基异喹啉类(如罂粟碱)、双苄基异喹啉类(汉防己所含生物碱,如汉防己甲素)、原小檗碱类(黄连所含生物碱,如小檗碱)和吗啡类(如吗啡、可卡因);吲哚类,主要有色胺吲哚类(如吴茱萸碱)、单萜吲哚类(马钱子所含生物碱,如士的宁)、二聚吲哚类(如长春碱、长春新碱);萜类,如乌头所含生物碱(如乌头碱)、紫杉醇;甾体,如贝母碱;有机胺类,如麻黄所含生物碱(如麻黄碱、伪麻黄碱)。

1.4.2　生物碱的性质

1.4.2.1　旋光性

具有光学活性是生物碱的一个重要的特点,它的分子结构中含有不对称中心,即手性碳原子,但是多数是左旋光性。因此,在分离提取或者合成中利用生物碱的旋光性,既能准确地得到目标产物,又能做到尽量不破坏其活性。如邢瑞光等[83]在研究合成天然产物 Chimonanthine 时,采用其光学活性,以苄基保护的异靛蓝作为原料,经过八步反应,对 Chimonanthine 完成合成,这种方法在合成产物中没有产生外消旋体,目前很多有机化学的工作者关注了这项合成技术。

1.4.2.2 溶解度

在生物碱分离提取中,其溶解性是一个至关重要的因素。因为生物碱成盐后,其溶解性会发生很大的变化。比如说经典的酸溶碱沉原理,就是溶解性不同导致生物碱盐可以溶解于某些溶液中,用这种溶液就能把生物碱盐萃取出来,而生物碱不能溶解则不能有上述的反应。总体上说,生物碱往往不溶于水,能溶于有机溶剂,如氯仿、正丁醇等。

1.4.2.3 碱性

生物碱因为其化学式构成中有 N 原子或者含 N 杂环的存在,所以显碱性。当然碱性的强弱与很多因素有关,如 N 原子的诱导效应,分子间共轭效应,杂环化类型等。各个因素对碱性的影响效果不同,各种因素叠加后的影响效果也不同。实验中可以利用生物碱的碱性从植物体内提取出生物碱来。如在中药厚朴的生物碱分离中用到其碱性,用洗脱液 pH 值为 4 的阳离子交换树脂进行洗脱,得到脂溶性和水溶性生物碱。这种方法即使用到了生物碱的碱性性质。

1.4.2.4 沉淀反应

沉淀反应多是用来鉴定混合物中是否含有生物碱或者测定纯品中生物碱的含量。因为生物碱在酸性情况下可以和几种试剂产生难溶于水的盐类物质,这些试剂就是我们常说的生物碱的沉淀剂。在很多实验中沉淀不能很快很好地被观察出来,所以经常是多种反应效果均呈阳性,才能确定生物碱的存在,因此有其局限性的存在。这些试剂有:Mayer 试剂、Hager 试剂、Dragendorff 试剂、Wager 试剂、Bertrand 试剂、Sonnenschein 试剂、$NH_4[Cr(NH_3)_2(SCN)_4]$,它们与生物碱反应生成的沉淀大多呈白色或淡黄色。沉淀反应法常常应用在对生物碱的初步检测上。

1.4.2.5 显色反应

生物碱能与特定的试剂发生反应,显示出特别的颜色,这种反应常常作为鉴定生物碱存在的方法之一。当然颜色反应受生物碱纯度影响很大,纯度大的,颜色更深,这恰恰能有效地对生物碱的纯度做出初步的判断。能与生物碱发生特别反应的试剂有 Mandelin 试剂、Frohde 试剂、Marquis 试剂等,但是还有个别生物碱能与浓硫酸和浓硝酸发生反应。有学者对麻黄的生物碱部分进行研究,用溴百里香酚蓝作为显色剂,快速、有效地测定了生物碱含量,灵敏度高,重现性好。

1.4.3 生物碱的生理作用

1.4.3.1 抗肿瘤作用

从石蒜科的几种植物中分离可得到 20 余种生物碱,其中伪石蒜碱具有抗肿瘤活性,从豆科植物苦豆子根茎中获得的槐果碱也有抗癌作用。10-羟基喜树碱、10-甲氧基喜树碱、11-甲氧基喜树碱、脱氧喜树碱和喜树次碱等,对白血病和胃癌具有一定的疗效。而从卵叶美登木、云南美登木、广西美登木及它们的亲缘植物变叶裸实中分离得到的美登素、美登普林和美登布丁等 3 种大环生物碱,具有较好的抗癌活性。掌叶半夏在民间用于治疗宫颈癌,其含葫芦巴碱,对动物肿瘤有一定的疗效。从三尖杉、篦子三尖杉和贡山三尖杉中分离出近 20 种生物碱,其中三尖杉酯碱和高三尖杉酯碱对急性淋巴性白血病有较好的疗效。

1.4.3.2 作用于神经系统

从防己科植物中分离出大量的生物碱,尤其是在千金藤属和轮环藤属植物的根部获得的几十种异吡咯生物碱,具有较强的生理活性,多数具有镇静和止痛作用。从山莨菪中分离得到的樟柳碱,虽然其抗胆碱作用比东莨菪碱及阿托品稍弱,但毒性较小,对偏头痛型血管性头痛、视网膜血管痉挛和脑血管意外引起的急性瘫痪都有较好的疗效,同时它还可用作中药复合麻醉剂。从乌头属的 16 种植物中得到的 40 多种二枯生物碱具有止痛作用。从蝙蝠葛中提取出的蝙蝠葛苏林碱,其澳甲烷衍生物具有肌肉松弛作用。从瓜叶菊中获得的瓜叶菊碱甲,以及从猪屎豆属植物中获得的猪屎豆碱,均具有阿托品样作用。从胡椒中分离的胡椒碱,临床上称为抗痛灵。另外,从八角枫中分离得到了肌肉松弛有效成分八角枫碱,从延胡索中分离得到了 10 多种止痛生物碱。

1.4.3.3 作用于心血管系统

莲心中的莲心碱和甲基莲心碱季铵盐有降压作用;马兜铃和广玉兰叶中的广玉兰碱有显著的降压作用;从钩藤中得到的钩藤碱,有降血压、安神和镇静的作用。从小叶黄杨中分离出的环常绿黄杨碱,对典型心绞痛的改善、血清中胆固醇的降低及高血压都有较好的疗效。

1.4.3.4 抗菌作用

苦豆子中所含的生物碱对治疗菌痢、肠炎具有显著疗效;从黄藤中得到的生物碱,对白色念珠菌有明显的抑菌作用。

1.4.3.5 抗疟作用

从菊叶三七中分离得到的菊三七碱具有抗疟作用。除此之外,昆明山海棠所含的总碱能治疗类风湿性关节炎。

1.4.4 生物碱的提取方法研究进展

1.4.4.1 生物碱提取的传统方法

生物碱提取方法较多,绝大多数生物碱是利用溶剂提取法进行提取的。生物碱的溶解性能是提取与纯化的重要依据。生物碱及其盐类的溶解度与生物碱分子中氮原子的存在形式、极性基团的有无及数目、溶剂种类都有密切关系。大多数生物碱可与酸结合成盐而溶于酸中,加碱至碱性又可以成为游离态。根据相似相溶的原理,极性强的生物碱亲水性较强,易溶于极性溶剂;极性弱的生物碱亲脂性较强,易溶于弱极性溶剂。游离的生物碱大多亲脂性较强,而生物碱盐一般亲水性较强。

（1）水或酸水提取法

水是常用的极性溶剂,具有碱性的生物碱在植物体内多以生物碱盐的形式存在,可直接以水作为提取溶剂。而弱碱性或中性生物碱则以不稳定的盐或游离的形式存在,这部分生物碱的亲水性较弱,为增加其溶解度,可采用酸水为提取液,使生物碱与酸作用生成盐而得到提取。酸水常用 0.5％～1％的乙酸、硫酸、盐酸或酒石酸等为溶剂。张灿等[84]在蝙蝠葛粗总碱的提取中则采用 0.5％的硫酸溶液提取随后再利用碱水沉淀法制得粗总碱。

（2）醇类溶剂提取法

游离的生物碱及其盐类一般都能溶于乙醇,因此乙醇作为生物碱的提取溶剂应用较为普遍。一般采用稀乙醇（60％～80％）或酸性乙醇作为提取溶剂。醇类溶剂提取液中除含有生物碱及其盐类外,尚含有大量的其他脂溶性杂质,用烯醇提取的还含有一些水溶性杂质,需进一步处理。黄新异、赵宇等[85]在逆流萃取法提取甘肃棘豆中的苦马豆素中采用 75％的乙醇为溶剂进行回流提取,随后将提取液经回收乙醇、调 pH、萃取、上柱分离和重结晶等操作处理后,最终得到苦马豆素,提取率为 23 mg/kg。

（3）亲脂性有机溶剂提取法

大多数游离生物碱都是脂溶性的,因此可以采用亲脂性有机溶剂如氯仿、二氯甲烷或苯等提取。由于生物碱一般以盐的形式存在于植物细胞中,故采用亲脂性有机溶剂提取时,必须先使生物碱盐转变成游离碱,即先将药材粉末用石灰乳、碳酸钠溶液或稀氨水等碱水湿润后再用溶剂提取。亲脂性有机溶剂提取法提出的总生物碱一般只含有亲脂性生物碱,不含水溶性生物碱。这种方法得到的生物碱杂质较少,易于进一步纯化。但溶剂渗入能力较弱,需反复提取。陈平等[86]在延胡索总生物碱提取与分析方法比较中发现用碱化氯仿提取含量高,相对偏差和变异系数最小,方法简单可行。溶剂提取法按具体操作又可分为浸渍法、渗漉法、煎煮法、回流法、沉淀法、盐析法和结晶法等。

① 浸渍法

浸渍法将处理过的材料用适当的溶剂在常温或温热的情况下浸泡获取有效成分。该法对热敏性物质的提取有利,操作简单易行,但所需时间长,溶剂用量大,有效成分浸出率低,尤其是水做溶剂时易发霉变质。不宜热浸或者从淀粉较多的物质中提取生物碱,一般采用冷浸取法。

② 渗漉法

渗漉法的提取过程类似多次浸取过程,是将药材粉末装在渗漉器中,不断添加新溶剂,使其渗透过药材,自上而下从渗漉器下部流出的一种浸出方法。当溶剂渗进药粉且溶出成分比重加大而向下移动时,上层的溶液或稀浸液便置换其位置,造成良好的浓度差,使扩散能较好地进行,故浸出效果优于浸渍法,浸出液可以达到较高浓度。此法常温操作不需加热,提取物含杂质少、提取率高,溶剂用量少,过滤要求较低,使分离操作过程简化,尤其适用于热敏性、易挥发且有效成分含量较低或贵重药材提取。渗漉法的操作技术要求较高,否则会影响提取效率,当提取物为黏性、不易流动的成分时,不宜使用该法。

③ 煎煮法

煎煮法是中药最早、最常用的制剂方法之一,将药材粗粉加水加热煮沸,适用于易溶于水的生物碱提取。直火加热时最好时常搅拌,以免局部药材受热太高,容易焦糊。此法简便,药中大部分成分可被不同程度地提出,但含挥发性生物碱及遇热易破坏的生物碱不宜用此法。

④ 回流法

回流法以乙醇等易挥发的有机溶剂为溶媒,对浸出液加热蒸馏,其中挥发性溶剂馏出后再次冷凝,重新回到浸出器中继续参与浸取过程。该法多采用索氏提取器完成,操作简便,提取率较高,但受热易分解的成分不宜使用此方法。

1.4.4.2　生物碱提取新技术

(1) 微波辅助萃取技术

微波辅助萃取利用微波与介质的离子和偶极分子的相互作用,促使介质转动能力跃迁,加剧热运动,使细胞壁破裂,胞外溶剂易于进入细胞内溶解并释放胞内产物,具有强力、瞬时、高效等特点[87]。另外微波可根据不同结构物质吸收能力的差异,对某些组分选择性加热,可使被萃取物质从体系中分离进入萃取剂。相对于传统方法,微波萃取质量稳定、产量大,选择性高、节省时间且溶剂用量少、能耗较低。但微波萃取受萃取溶剂、萃取时间、萃取温度和压力的影响,选择不同的参数条件,往往得到不同的提取效果。

(2) 超声辅助提取技术

超声辅助提取的 3 个理论依据是超声波热学机理、超声波机械机制和空化作用。超声波空化产生的极大压力造成被破碎物细胞壁及整个生物体瞬间破裂,同时超声波产生振动作用加强了细胞内物质的释放、扩散及溶解,加速植物中的有效成分渗透进入溶剂而使提取效率获得提高。利用超声技术可以缩短提取时间、提高提取率,并且无须加热,提高了热敏性生物碱的提取率且对其生理活性基本没有影响,溶剂使用量相对较少,可以降低成本。

(3) 超临界流体萃取技术

超临界流体萃取是 20 世纪 70 年代末兴起的一种新型生物提取技术。其原理是利用压力和温度对超临界流体溶解能力的影响而实现对极性大小、沸点高低和分子量大小不同的组分间的选择性分离。利用超临界流体特有的理化性质使其具有比液体溶解能力大、比气体易于扩散和运动且传质速率远高于液相过程的特点,从液体或固体中萃取目标组分。目前普遍采用的超临界流体为 CO_2。赵宋亮等[88]利用超临界 CO_2 流体萃取菊三七中的总生物碱,提取率为索氏提取法的 1.5 倍,耗时却仅为常规法的 1/2。

超临界流体萃取具有以下优势：① 萃取率高；② 选择性好，通过调节温度和压力，可针对性地萃取有效成分；③ 工艺简单，操作费用低；④ 常温下操作，CO_2 对大部分物质呈化学惰性，有效地防止热敏性和化学不稳定性成分的高温破坏和氧化；⑤ CO_2 无毒、无味、不易燃、不残留、无溶剂污染，安全性高且价格低廉；⑥ CO_2 可循环使用，绿色环保。超临界 CO_2 极性小，适用于非极性或极性小的化合物的提取，但对极性物质的溶解度很低，常需要加入夹带剂，使其在改善或维持选择性的同时提高待萃取成分的溶解度，从而提高萃取效果。常用的夹带剂大多为甲醇、乙醇、丙酮、氯仿等有机溶剂，此外水、有机酸、有机碱等也可用作夹带剂。夹带剂的加入方式有静态加入和动态加入两种。张良等[89]以乙醇为夹带剂，在 20 MPa、萃取温度 45 ℃、萃取时间 2 h 条件下，从川贝母中提取游离生物碱，萃取率达 0.195%。

（4）双水相萃取技术

双水相萃取是由 2 种聚合物或聚合物与无机盐在水中适当的浓度等条件下形成互不相溶的两相体系，利用待分离物在两水相中分配系数的不同而实现提取分离的方法。目前最常用的双水相体系有聚乙二醇（PEG）/葡聚糖体系、PEG/无机盐体系、表面活性剂/表面活性剂体系、普通有机溶剂/无机盐体系、双水相胶束体系、温敏性双水相体系、热分离双水相体系、离子液体/无机盐体系等[90]。双水相萃取技术具有分离条件温和、能耗较小、传质和平衡速度快、回收效率高，且设备简单、易于放大和实现连续化操作等特点。

（5）色谱法

色谱法包括纸色谱、薄层色谱和柱色谱。常用提取纯化生物碱的柱色谱有以下几种。

① 氧化铝（Al_2O_3）柱色谱。以氧化铝作为吸附剂的层析分离法，根据氧化铝制备和处理方法差异，氧化铝分为碱性、中性和酸性氧化铝 3 种，其中碱性和中性氧化铝适用于分离酸性较大、活化温度较高的生物碱类成分。另外，氧化铝的粒度对分离效率有显著影响，一般粒度范围在 100～160 目，低于 100 目则分离效果差，高于 160 目则溶液流速太慢。

② 硅胶柱色谱。将 $SiO_2 \cdot xH_2O$ 作为吸附剂，约 90% 以上的分离纯化工作均可使用此法。硅胶是中性无色颗粒，性能稳定，分离效率与其粒度、孔径及表面积等因素有关。硅胶柱色谱使用范围广，可作为极性和非极性生物碱的纯化，成本低、操作方便。如董新荣等[91]用 GF254 硅胶柱，对北美黄连中的主要生物碱进行分离，可以得到纯度为 99.5% 的北美黄连碱。

③ 高效液相色谱。高效液相色谱由于使用了细颗粒、高效率的固定相和均匀填充技术，高效液相色谱法分离效率极高。同时，流动相可选择范围广，可用多种溶剂做流动相，通过改变流动相组成来改善分离效果。此外，采用了梯度洗脱装置，应用范围广，可用于高沸点、相对分子质量大、热稳定性差、性质和结构类似的生物碱的分离及分析。

尚庆坤等[92]利用高效液相色谱法,以甲醇-水作为流动相,水的流速选择为 1.0 mL/min,甲醇的流速为 3.5 mL/min;色谱柱采用 HRC-ODS(250 mm×20 mm ID);柱温为室温;检测波长为 270 nm;进样量为 4 mL 且样品浓度为 220 μg/mL。在上述条件下,从野生菱角壳的提取物中分离出 3 个生物碱组分。

④ 高速逆流色谱技术。高速逆流色谱技术根据互不相溶的两相溶剂在旋转螺旋管内具有单向性液体动力平衡特性,利用样品中各组分在两相间分配能力差异而实现各组分间的分离。该法有两大优点:一是由于其固定相是液体,避免了样品与固定相之间发生不可逆吸附、污染、变性等缺点,特别适用于分离极性和具有生物活性的物质;二是该技术不需升温加热,也不需要精密的恒流泵,操作十分方便,每次进样量较多,特别适用于制备性分离。

(6) 树脂吸附法

由于树脂是化学合成的高分子分离材料,因此其结构千变万化,可以通过调整聚合单体、致孔剂、交联剂,引入特异性基团,改变聚合条件等方法合成多种结构的吸附树脂,根据不同的分离纯化要求,从中筛选出最适宜的高选择性、高吸附容量的树脂。天然植物中的生物碱有效成分具有特殊的结构特点,它不仅有足够的疏水性骨架,同时还含有离子性的季铵基或可离子化的胺基基团,另外,胺基基团也可形成氢键,因此,这给树脂的结构设计提供了很大的发挥空间。目前,工业化生产的树脂以大孔吸附树脂和离子交换树脂为主,也有氢键、筛分等多种功能的新型吸附树脂用于生物碱的提取研究中。

① 大孔树脂法

大孔吸附树脂是一类不含交换基团且多孔性的球形高分子吸附剂,其分离和纯化机理是利用大孔树脂的吸附性和分子筛结合原理,大孔吸附树脂的极性、孔径、比表面积都将影响到生物碱在树脂上的吸附,进而影响到生物碱的分离纯化。黄建明等[93]研究树脂极性对分离草乌生物碱的影响,发现非极性 SIP1300 树脂分离效果优于弱极性 AB-8 树脂。大孔树脂经过洗脱、浸泡、冲洗等过程处理后再生可重复使用。该法具有溶剂用量少,产品质量高、稳定性好,生产周期短、设备简单等突出优点。这些优良的性能使大孔树脂吸附近年来受到越来越多的关注。

② 离子交换树脂法

离子交换树脂法主要通过静电引力和范德瓦耳斯力选择吸附,根据本身特性分为多种类型。大多数生物碱在中性或酸性条件下以阳离子形式存在。一般选用强酸型阳离子交换树脂,将酸化的生物碱提取液通过树脂,使生物碱盐的阳离子交换到树脂上而与其他成分和杂质分离。经过离子交换后的树脂用氨水碱化得到游离态生物碱,等树脂晾干后根据生物碱的亲脂或亲水性质用相应的溶剂进行提取得到总生物碱。迟玉明等[94]以角蒿总生物碱溶液为对象,研究了阳离子交换树脂纯化角蒿总生物碱的方法,用含氨水的不同浓度乙醇溶液进行洗脱,得到的总生物碱含量均在 60% 以上。此法提取分离技术设备简单、操作方便、生产连续化程度高,而且得到的产品纯度高、成本低,故在天然产物提取分离研究与工业生产中的应用日益广泛。

(7) 膜分离技术

膜分离技术以选择透过膜为分离介质,以膜两侧的能量差为推动力(如压力差、化学位差、电位差等),根据各组分透过膜的迁移率不同,允许某些组分透过而保留其他组分,从而实现混合物中各组分的分离。以压力差为推动力的膜分离过程包括微滤、超滤、纳滤、反渗透,根据筛分原理使某些组分选择性透过,实现提纯和浓缩。该法优势为:① 不存在相转换,操作条件温和,高效节能环保;② 分离设备简便易操作,适用范围广;③ 不添加化学试剂,不损坏热敏物质,周期短、安全性高;④ 选择性高,回收率高;⑤ 可实现连续和自动化操作。但是膜在使用过程中的抗污染能力不强,通量衰减造成性能下降,使用寿命短等,还需在膜材料的选择、优化预处理和清洗方法上做进一步的研究。

(8) 分子印迹技术

分子印迹技术是近年来迅速发展起来的一种高选择性分离技术,利用具有分子识别功能的分子烙印聚合物为固定相,对目标分子进行分离、筛选、纯化的一种高选择性仿生技术,其技术核心是通过印迹、聚合、去除印迹分子3步制备分子印迹聚合物(MIP),以其特定的分离机理而具有极高的选择性。董襄朝等[95]以左旋麻黄碱为模板分子,甲基丙烯酸为功能单体,使用不同的交联剂和致孔剂合成的 MIP 对烙印分子具有很好的亲和能力及选择性。MIP 最大的特点就是对模板分子的识别具有预见性,对于特定物质的分离极具针对性,具有抗恶劣环境能力强、稳定性好、使用寿命长等优点。

(9) 分子蒸馏技术

分子蒸馏技术是 20 世纪 80 年代引进的一种新型液-液分离精制技术。与常规蒸馏技术相比,分子蒸馏可在远离沸点下操作,蒸馏压强低,受热时间短,浓缩效率高,无沸腾和鼓泡现象,具有能节省大量溶剂、减少环境污染等特点,可应用于天然产物中高沸点、热敏性、易氧化物质的分离[96]。分子蒸馏的核心是分子蒸发器,主要有 3 种类型,即降膜式、刮膜式及离心式。

生物碱具有多种生物活性,在植物体内还具有良好的分布和较强的输导能力,是高效、低毒、无污染、对人畜安全的天然产物,在医药和农药领域有广阔的应用前景。随着研究的进一步深入,对这类产物的最大的开发潜力表现为可以与其他技术相结合等诸多方面。使用化学合成方法对其结构进行修饰,筛选强活性的生物碱,以及用药方式的改进和创新等,这些都是未来对高活性生物碱进行进一步研究的热点内容。

1.5 多糖的生物活性及提取方法研究进展

多糖是一类重要的生物活性物质,参与了细胞的各种生命现象的调节,可作为免疫促进剂,能控制细胞的分裂和分化,调节细胞的生长和衰老,对肿瘤细胞起抑制作用,同时对正常细胞无毒害作用。因此,多糖被视为理想的免疫调节剂,将成为新型的抗癌、抗艾滋病用药,作为生物医药产品具有广阔的市场前景。

1.5.1 多糖的生物活性研究进展

多糖与人类生活紧密相关,与蛋白质、脂类、核酸这三大类天然高分子化合物构成了最基本的 4 类生命物质,对维持生命活动起着至关重要的作用。同时,果蔬多糖还具有特殊生物活性。例如,龙眼果肉中含有的多糖成分具有美白祛斑和抑制肿瘤等多种药理功效。诺尼果可通过增强宿主免疫系统,抑制血管及致癌物-DNA 加合物形成、促进肿瘤细胞凋亡等不同机制发挥抗肿瘤作用,诺尼果具有的这种特殊生物活性,可能与其中的多糖有密不可分的关系。

1.5.1.1 增强免疫活性、抗肿瘤

多糖的免疫调节作用主要通过激活巨噬细胞、T 和 B 淋巴细胞、网状内皮系统和补体,增加机体淋巴细胞、巨噬细胞数量和提升其功能,促进各种细胞因子如白细胞介素 1(interleukin-1,IL-1)、白细胞介素 6(IL-6)、肿瘤坏死因子(tumor necrosis factor,TNF)等的生成来完成[97]。多糖的免疫活性受其单糖组成影响,Lo 等[98]分析了不同菌株来源的香菇多糖体外巨噬细胞刺激的活性,发现甘露糖、阿拉伯糖、木糖与半乳糖是与巨噬细胞刺激活性相关最重要的 4 种单糖,而葡萄糖对多糖的免疫活性无决定性作用。另外,多糖可通过增强免疫机制间接抑制或杀死肿瘤细胞,或者通过具有细胞毒性的多糖直接杀死肿瘤细胞从而实现抗肿瘤活性。宣丽等[99]发现中剂量[10 mg/(kg·d)]、高剂量[20 mg/(kg·d)]的软枣猕猴桃多糖均可直接促进大鼠脾淋巴细胞的有丝分裂,通过激活 T 细胞增强大鼠的细胞免疫功能,显著增强大鼠单核巨噬细胞吞噬能力,加速碳粒的清除,且高剂量组多糖可显著提高大鼠的脾脏指数,这些实验结果表明软枣猕猴桃多糖是良好的免疫增强剂。Zhao 等[100]利用超声辅助法从芦笋中提取出粗多糖,经 Sevag 法脱蛋白后得到的 AOP-4、AOP-6、AOP-8 均对人具有显著的抗宫颈癌和抗肝癌活性,其中当 AOP-4 质量浓度为 10 mg/mL 时,对宫颈癌细胞的抑制率可达 83.96%。

1.5.1.2 抗突变

在遗传或非遗传因素下,人体中调控细胞生长、增殖及分代的正常细胞由于基因发生突变、激活与过度表达,使正常细胞发生癌变的过程称为突变。抗突变方式有去突变和生物抗突变两种,去突变指通过灭活致突变物或其前体物质起到抗突变作用;生物抗突变是通过阻断正常细胞变成突变细胞,包括修复受损 DNA,以减少突变频率[101]。阚

建全等[102]发现甘薯多糖具有显著的抗突变作用,其机理主要是阻断正常细胞的突变,但当细胞发生突变后促进突变细胞修复的作用并不明显;甘薯多糖剂量为 20 mg/平皿时对苯并芘、2-氨基芴和黄曲霉素 B1 的致突变抑制率均达 70% 以上,在实验剂量范围内,其剂量-效应关系是对数曲线关系。陈美珍等[103]发现龙须菜粗多糖有显著的抗突变能力,粗多糖剂量为 4 g/kg 时,对环磷酰胺诱发的微核抑制率达 89.8%,并可显著抑制精子畸变。

1.5.1.3 抗氧化、抗衰老

多糖可抑制体内自由基和活性氧的产生,提高抗氧化酶的活性,促进超氧物歧化酶的释放,从而增强机体对自由基的清除能力和抗氧化能力。孟宪军等[104]研究表明,蓝莓多糖对羟自由基和 1,1-二苯基-2-三硝基苯肼(1,1-diphenyl-2-picrylhydrazyl,DPPH)自由基有较强的清除作用,对应的半抑制浓度分别为 2 mg/mL 和 7 mg/mL,对羟自由基清除效果明显优于维生素 C(VC),但对超氧阴离子自由基几乎无效果。有研究者通过超声辅助法提取的芦笋多糖,当质量浓度为 9 mg/mL 时对羟自由基的清除率达99.6%,与质量浓度为 10 mg/mL VC 对应的清除率接近,但对超氧阴离子自由基、DPPH自由基清除效果不明显。Li 等[105]发现水溶性苦瓜多糖对羟自由基有很强的清除能力,对超氧阴离子自由基的清除能力较弱。综上可知,多糖对羟自由基表现出较强的清除能力。多糖抗氧化、抗衰老的效果很可能受到提取方法和提取条件的影响。孙婕等[106]发现超声法、水提法、复合酶法提取的南瓜多糖,对羟自由基的清除率依次增大。Li 等[107]的研究结果也表明,低温提取的南瓜多糖自由基清除率显著高于高温提取的,且浓度越大清除效果越明显。这些研究结果都说明不同提取方法、提取条件导致了多糖抗氧化活性的差异。

人体衰老是自由基不断产生与积累的过程,自由基能使细胞中多种物质发生氧化,导致体内抗氧化酶活性降低,抗氧化能力下降,从而引起衰老。研究发现胡萝卜多糖能提高衰老小鼠血清、肝脏、大脑抗氧化能力,增强机体清除自由基的能力,减少组织细胞损伤的程度,说明胡萝卜多糖有一定抗氧化作用,从而起到抗衰老作用。也有研究发现刺梨多糖可提高衰老小鼠血浆、肝脏、脑组织中过氧化氢酶、超氧化物歧化酶(superoxide dismutase,SOD)含量,降低丙二醛含量,说明刺梨多糖可提高衰老小鼠体内抗氧化能力、延缓衰老。

1.5.1.4 抗疲劳

疲劳是身体与精神状态下降导致的周身疲软、困乏,是机体复杂生理生化的综合反映,可导致机体神经、内分泌、免疫各系统调节失常[108]。血清尿素氮、肌糖原、乳酸是评价机体对运动疲劳的几个重要指标[109-112]。血清尿素氮含量随机体对运动应激适应能力变差而增加,使机体越容易疲劳;肌糖原储备量多可为肌纤维收缩提供更多能量,从而延缓运动性疲劳的产生;乳酸是体内糖无氧代谢终产物,在肌肉和血液中积累易引起肌肉运动能力下降,造成运动性疲劳。刘兵[113]通过连续灌喂受试小鼠桑葚多糖,30 d

后测定力竭游泳时间、肝糖原含量、血清尿素氮和血乳酸含量,探讨了桑葚多糖抗疲劳的作用及其机制,实验结果表明桑葚多糖具有明显抗疲劳作用,中剂量[300 mg/(kg·d)]桑葚多糖可显著提高小鼠游泳时间和运动后肝糖原含量,显著降低运动后小鼠体内血清尿素氮和血乳酸含量;高剂量组[900 mg/(kg·d)]在各个指标上的差异均达极显著,其效果与治疗心血管疾病药物西地那非相似。

1.5.1.5　抗凝血

抗凝血是通过影响凝血过程的不同环节来阻碍血液凝固的过程,常用 3 项检测指标——活化部分凝血活酶时间(activated partial thromboplastin time,APTT)、凝血酶时间(thrombin time,TT)和凝血酶原时间(prothrombin time,PT)来判断研究对象体外抗凝血活性的能力,APTT 反映内源性凝血系统各凝血成分总的凝血状况、TT 反映血浆纤维蛋白原转变为纤维蛋白的凝血状况、PT 反映外源性凝血系统的凝血状况[144]。有研究比较了不同大枣品种、提取方法和干制方式得到的粗多糖的体外抗凝血活性。实验结果表明,大枣粗多糖能够显著延长人体血浆的 APTT,通过影响内源性凝血系统而发挥抗凝血作用,但对 TT 和 PT 无明显影响。不同大枣品种、不同提取方法和大枣干制方式得到的大枣粗多糖其体外抗凝血活性有很大差异。其中,灵宝大枣的抗凝血活性较好,碱提粗多糖,热风、真空冷冻干制大枣能较好地保持粗多糖的抗凝血活性。

1.5.1.6　降血糖、降血脂

多糖可修复受损的胰岛细胞,促进胰岛 p 细胞再生,增加胰岛素的释放,从而降低血糖。吴建中等[115]研究了番石榴多糖对四氧嘧啶致糖尿病的小鼠血糖值及脾指数、胸腺的影响,与对照组相比,灌喂剂量为 300 mg/kg(以体质量计)的番石榴多糖的小鼠血糖值明显降低、胸腺指数显著增加,证明了番石榴多糖具有降血糖作用。陈红漫等[116]研究发现,体外抗氧化活性高的苦瓜多糖,即中剂量组(100 mg/kg)和高剂量组(250 mg/kg),能明显降低小鼠血糖,提高小鼠 SOD 酶活力,高剂量组增加小鼠肝糖原含量,但无抗氧化活性组对四氧嘧啶致高血糖无抑制作用。由此可知,果蔬多糖的体外抗氧化性高低能影响其降血糖效果,因此为了提高降血糖效果,可选择高抗氧化能力的果蔬多糖。

四氧嘧啶诱导的糖尿病模型小鼠,除高血糖症外常伴随有高脂血症的出现。软枣猕猴桃多糖可降低糖尿病模型小鼠血清中总胆固醇、甘油三酯,升高高密度脂蛋白,降低血脂,防止脂类代谢紊乱,对糖尿病并发症有防治作用。刘颖等[117]研究南瓜多糖也得到了类似的结果,说明多糖可能对预防心脑血管疾病的发生能起到一定作用。

1.5.1.7　抑菌、消炎

多糖对各类微生物的生长具有不同程度的抑制作用,目前其抑菌作用机制还不十分明确。孟宪军等[104]发现蓝莓多糖对枯草芽孢杆菌、金黄色葡萄球菌、大肠杆菌、啤酒酵母均有一定抑制作用,但对热带假丝酵母、青霉和黑曲霉无抑制作用。Liu 等[118]发现草莓多糖和桑葚多糖可减少促炎细胞因子 IL-1β 和 IL-6 的分泌,增加抗炎细胞因子 IL-

10 的分泌,具有潜在的消炎作用。因此,多糖很可能具有较好的抑菌、消炎作用,在保鲜、保健品方面具有重要作用。

1.5.2 多糖提取方法研究进展

1.5.2.1 传统提取法

（1）水提法

水提法属于溶剂提取法,是目前多糖提取中最常用的提取方法,也是其他方法的基础。其主要通过提取溶剂的扩散、渗透作用,将药材中有效成分溶出。一般来说,溶剂的极性越大,对组织细胞的穿透能力越强,提取效果就越理想。多糖是极性大分子,因此水为使用最为广泛的提取溶剂。又因为多糖分子在醇中溶解度差,所以利用此原理,常使用乙醇作为多糖的沉淀试剂。值得注意的是,使用水提法提取多糖时,应时刻关注提取温度、提取时间、提取次数及料液比等因素对提取率的影响。此外,通过调节醇浓度,也可以提高多糖的提取率。目前针对以上影响因素进行的多糖提取工艺优化已经取得很大突破。如曾红亮等[119]利用响应曲面法研究了金柑多糖的最佳工艺,以液料比、提取时间、提取温度、提取次数和乙醇含量为考察因素,分析得到最佳工艺为液料比 38 mL/g、提取时间 2.5 h、提取温度 88 ℃、提取次数 3、乙醇体积分数 70%,实验测得提取率为 1.81%,与理论预测值相当。

虽然此法工艺成本低、操作便捷、应用广泛,但作为提取介质的水溶解范围广,在提取有效成分的同时,也浸出大量的无效成分,这也增加了去除多糖中杂质的难度。

（2）碱液提取法

通常植物细胞壁在碱液中会溶胀,直至破裂。利用这一原理,使用碱液提取多糖,可以使多糖游离在溶液中,提高提取率。此法常采用氢氧化钠或氢氧化钾的稀溶液作为溶剂,适用于酸性多糖。以马洪波等[120]应用氢氧化钠溶液从桑叶中提取多糖为例,利用正交实验得出最佳工艺:碱液浓度为 1.5 mol/L、提取温度为 80 ℃、固液比为 1∶50、提取时间为 4 h。实验结果表明,最佳工艺提取的多糖提取率为 2.55%。与单纯水提取相比,提取率略高。张丽霞等[121]对桦褐孔菌多糖研究中的提取部分结果是水提取法提取率为 14.0%,碱液提取法提取率为 27.7%。以上两个实例证明了碱液提取法优于传统水提醇沉法。但碱液提取法也有局限性,它只适用于含果胶物质少、黏度小的原料。另外,碱液的浓度要控制在适当范围内,浓度过高会使糖苷键断裂。

（3）酸液提取法

酸液提取法与碱液提取法相类似,有些多糖用酸液提取法得率会较高。鞠兴荣等[122]的研究表明,酸液提取法比水提取法更利于菜籽多糖的提取。最佳工艺为酸浓度 0.28 mol/L、料液比 43.05 mL/g、提取时间 5 h 和提取温度 71.9 ℃。此条件下预期提取率是 4.07%,实际提取率为 4.01%。此法应用不够广泛,在操作时需严格控制酸浓度,酸浓度过高会导致多糖分解。

（4）生物酶提取法

生物酶提取法是在提取溶剂中添加生物酶来提高多糖提取率的方法。生物酶提取法又分为单一酶法和复合酶法，复合酶法应用较多。目前常用的生物酶包括蛋白酶、纤维素酶、果胶酶等。生物酶提取法最关键在于保持生物酶活性处于最佳状态。这需要筛选最佳条件，如 pH、温度、底物浓度、酶用量及作用时间等条件。梁敏等[123]采用复合酶法优化金针菇多糖提取工艺，其利用正交实验筛选出的最佳条件是酶用量 0.5%、酶质量比(木瓜蛋白酶：纤维素酶)2：1、反应温度 60 ℃、pH 值 6.0、酶解时间仅 2 h。生物酶提取法反应条件温和，无须外加能量，减少热敏性组分分解，提取速度快，节约提取溶剂，提取率高。其不足是存在酶残留及酶解物的去除问题。所以，酶解法经常作为辅助手段。

（5）微波提取法

微波是频率介于 300 MHz～300 GHz 之间的电磁波。微波遇到非金属物质能穿透或被吸收。微波提取法利用的是微波的热效应，即介质获得的微波能可转化为热能。细胞内的极性物质(如水等)吸收微波能后产生热量，使细胞内温度迅速上升，水汽化产生的压力将细胞膜和细胞壁破坏，产生微孔或裂纹，从而使细胞内物质容易溶出。董玲玲等[124]研究黄芪多糖提取工艺时，将生物酶提取法和微波提取法结合，得出实验的最优条件是酶浓度 57.6 U/g、酶解时间 60 min、液固比 10：1、微波功率 480 W、提取时间 8 min。为了证实提取效果，同时做了多种提取方法的对比。各种方法的提取率为水提法 4.82%、酶法 10.64%、微波法 13.74%、酶解-微波法 16.07%。结果证明，各提取方法提取率顺序微波法＞酶法＞水提法，而酶解-微波两种辅助法结合提取率更高、更简便、更快捷。

微波提取法具有提取快速、加热均匀、高效清洁的优点，但是会影响多糖的结构和活性，故不能用于热不稳定性化合物。

（6）超声波提取法

近几年，超声波提取法因操作简单、速度快、时间短、效率高等优点在多糖提取领域得到了广泛应用。其提取多糖的原理是利用超声空化产生的强大剪切力使植物细胞壁破裂，使细胞内容物更易释放，从而加强传质过程。最为重要的是超声波提取法不影响水溶性多糖的生物活性。

丁昌玲等[125]应用超声波和酶两种辅助法提取鼠尾藻多糖，结果表明超声波提取法优于水提取法，而超声辅助和酶法结合更省时、更节能。

1.5.2.2 新型提取法

（1）超滤法

超滤法是膜分离技术之一，其原理是利用薄膜的选择性透过，以外界能量或化学位差为推动力，对多组分混合体系进行分离、提纯、富集。分离发生在滤器的滤膜表面。采用摩擦流道和湍流促进分离，减少污染。超滤法具有不影响多糖活性、分离效率高、设备简单、耗能小、无污染、膜可连续反复使用等优点。影响超滤法的主要因素为膜的截留分子量、料液浓度、温度、压力以及流速。

焦光联等[126]在研究超滤法提取多糖时,以流速、压力、温度、浓度为影响因素对提取条件进行优化。实验结果表明,最佳条件为料液浓度 20 g/L、压力 0.35 MPa、温度 35 ℃、进料流速 0.467 L/s,采用分子量 200 kDa 和 10 kDa 的超滤膜。分离黄芪多糖时,多糖含量由 36.0% 提高至 86.8%,有效实现多糖与蛋白、多酚等物质的分离纯化。在实验结束后,焦光联等还对清洗超滤膜的洗液进行筛选,结果发现用氢氧化钠溶液清洗效果好。超滤法是很有效的分离方法,但是为了超滤膜的再利用以及分离效果,在使用超滤膜之前要进行预处理。焦光联等对预处理方法也做了对比,结果表明,0.5 μm 超滤膜下精密过滤的多糖虽然损失少,只有 0.4%,但是滤过效果不好。0.8 μm 超滤膜下超滤效果好但是多糖损失率太高。所以高速离心是很好的预处理方法,既能除去固体杂质,又能降低多糖损失。

（2）CO_2 超临界流体法

超临界流体萃取是近 30 年迅速发展的一种新提取技术。超临界流体性质介于气体和液体之间,具有与液体相似的溶解能力,又有气体优良的扩散能力。超临界流体没有表面张力,很容易穿进样品基质中。CO_2 临界温度是 304.6 ℃,临界压力是 7.38 MPa,足以溶解任何非极性中性化合物。提取结束后 CO_2 可减压回收,重复利用,不存在残留问题,保持有效成分。

陈明等[127]研究筛选的条件是茶粉颗粒度为 40 目,20% 无水乙醇夹带剂,萃取压力 35 MPa,萃取温度 45 ℃,时间为 2 h,茶多糖提取率达到了 92.5%。CO_2 超临界流体法,无污染、提取率高,是一种应用前景广阔的提取方法。

（3）双水相萃取法

双水相萃取法是指某些高聚物与无机物在水中以适当的浓度溶解,形成互不相溶的两相系统,通过溶质在不同相间的分配系数的差异而进行萃取的方法。此法主要针对极性多糖提取。双水相萃取的特点为含水量高,接近生理环境,不会引起活性变化;分相时间短,不存在有机溶剂残留问题,高聚物不挥发,对人无害;大量杂质可和固体一同除去;工艺可以放大,后续提纯工序可直接连接;提取条件温和,常温常压。吴疆等[128]关于双水相提取的研究表明,影响因素为 PEG-6000 浓度、硫酸铵浓度。在此双水相体系中,多糖分配在上相,而蛋白等杂质在下层富集。因此,可以利用这双水相系统精制多糖,制备的同时除杂质,一举两得,较传统法提取多糖的效率更高。

（4）闪式提取法

闪式提取法是在室温和适当溶剂条件下,利用高速剪切力和搅拌力将植物原料粉碎至细微颗粒,并在局部负压渗透作用下使有效成分迅速达到溶解平衡。研究方法是将药材粉末加入含乙醇的水溶液,调节 pH 值后放入闪式提取器中提取。考察因素为提取时间、料液比、乙醇浓度。与传统浸提方法相比,闪式提取法具有提取时间短、效率高、操作简便等优点,目前该方法已在中药提取中广泛应用。

（5）高压脉冲法

高压脉冲是对两电极间的流体施加高压的短脉冲，作用机理一般研究细胞膜穿孔效应。相较传统工艺，此法时间短、耗能少、提取率高。蔡光华等[129]对高压脉冲提取枸杞多糖的工艺进行优化，得最优条件为 pH＝8.98，电场强度 20.49 kV/cm，脉冲频率 10 520 Hz，温度 61.76 ℃，料液比 9.43 mL/g。在多种辅助提取方法中，高压脉冲法可以应用酸碱提取法来辅助提取。研究发现，以碱液提取法作为辅助，高压脉冲法提取林蛙多糖提取率是复合酶法的 1.77 倍。

1.5.2.3 新型辅助提取法

（1）动态超高压微射流辅助提取法

在科技飞速发展的今天，提取方法逐渐倾向于机械提取。高压微射流作用是使物料在高压均质反应腔中，经过剧烈处理条件的动力作用，破碎细胞，使细胞内有效成分迅速溶出。使用这种机械提取时应注意均质压力、处理次数、料液比、温度、时间、提取次数等因素。与以往的粉碎相比，该法提取率更高，破壁效果更显著。

（2）澄清剂辅助提取法

澄清剂辅助提取法原理是采用"1＋1"澄清技术。一种组分起主要絮凝作用，另一种组分起辅助作用。主要组分加入后，使不同可溶大分子聚集，迅速增大。辅助组分使在聚集的大分子团继续聚集，加快絮状物的形成。澄清剂的使用，相当于除杂质的过程。传统工艺是水提取后醇沉，再进行除蛋白操作，而在水提后使用澄清剂，相当于除完杂质，可以省去烦琐的除蛋白步骤，从而大大提高效率。

王丽娜等[130]研究发现，两种澄清剂的用量、使用顺序和时间对提取率都有影响。其他影响因素还有反应温度和料液比。研究得出，使用澄清剂与醇沉法相比，多糖含量增加一倍。省时、无毒、简便等优点意味着澄清剂辅助提取法在今后的多糖提取中有很大发展空间。

（3）冻融技术辅助提取法

冻融技术辅助提取法原理是使细胞壁破碎，有效成分迅速溶出。在 －20 ℃低温冷冻后，室温下缓慢融化，细胞破壁是最完全的，而且不会影响有效成分活性，是比较完美的预处理方法。研究表明[131]，与传统水提取法相比，冻融技术辅助提取多糖的得率提高了 32％。此法操作简便，无须大型机械辅助，经济实用。除了上述方法之外，还有很多类似的方法，如丙酮沉淀法、超细粉碎法、碱醇法等。这些方法的原理和以上介绍的很多方法类似，只是在原理实践上选择途径不同。

不同种类的多糖的提取工艺不尽相同，多糖的提取也没有十分完美的方法，每种方法都有其利弊。在选择提取方法之前，一定要明确所提取多糖的性质，具体问题具体分析，取各家之长，避免选择错误的方法。相信随着提取技术的不断发展，多糖的提取工艺会越来越完善。

1.6 挥发油的药理作用及提取方法研究进展

挥发油(essential oil),是指一类存在于植物中具有芳香气味的不溶于水的油状液体的总称。挥发油在医疗上的应用可以追溯到古代的医疗应用,《本草纲目》中详细介绍了世界上最早提制挥发油的过程以及方法。由于挥发油的独特性、药理作用和合成香料无法代替的天然芳香气味,其在中药制剂、食品、化妆品等行业应用广泛。随着这些行业的发展,挥发油的需求量不断增加,其提取和保留就成为保障产品质量的关键步骤。

1.6.1 植物挥发油的分布和存在

挥发油广泛分布在自然界中,特别是在芳香植物中普遍存在,主要存在于植物的种子等主要器官中。我国共有野生芳香植物和栽培芳香植物约 300 种,存在于 56 科、136 属中,芳香植物资源丰富。挥发油大多数在植物中呈油滴状,存在于植物的油管、油室、腺毛以及分泌细胞或树脂道中,也有个别和植物中的树脂及黏液质共同存在,极少数挥发油以苷的形式在植物中存在。在植物中挥发油分布的器官部位也各有差异,有的存在于整株植物中,有的在某一器官中存在最多;有的药用植物因应用的部位不同,其提取出的挥发油组成成分的种类和丰富度也会体现出差异性;甚至于有些药用植物相同部位,在不同的时节采集,其中挥发油的组成成分也会略显差异。

1.6.2 植物挥发油的组成成分

一般来说,挥发油的基本化学组成可分为萜类化合物、脂肪族化合物、芳香族化合物和含氮含硫化合物 4 类[132]。

1.6.2.1 萜类化合物

萜烯类化合物是大自然中分布极其广泛的一类有机化合物。其通式为$(C_5H_8)_n$,通常由若干个异戊二烯首尾交接而成[133]。萜烯类化合物有许多含氧衍生物,如醇类、酮类、醛类及过氧化物等。依据异戊二烯单位的个数,也就是碳原子骨架中的碳数,可以将萜类化合物分为单萜(C10)、倍半萜(C15)、二萜(C20)、三萜(C30)、四萜(C40)5 个种类[134]。植物挥发油中的萜类成分主要是单萜、倍半萜和它们的含氧衍生物[135]。其中含氧衍生物大多具有较强的生物活性或具有较强的芳香气味,如薄荷油中的薄荷醇、松节油中的蒎烯、山苍子油中的柠檬醛和樟脑油中的樟脑。在植物的初级代谢中一些挥发油具有不可或缺的作用,例如植物赤霉素、激素脱落酸[136]。植物在生长的过程中往往会产生具有消炎、杀菌作用的活性物质,以保护自身不受害虫侵害[137]。这些活性物质的主要成分为单萜烯、倍半萜烯、双萜及芳香物质等,它们可以防止空气中的病菌、寄生虫或其他害虫的侵入,也可以促进植物分泌生长激素,提高神经系统的敏锐和兴奋性。同时,该类物质对人体生命活动也具有重要的调节功能,单萜烯能安抚和稳定神经,减少疲劳,促进支气管和肾脏活动;倍半萜烯具有抑制精神萎靡、急躁和调整内脏活动的功能[138]。萜类化合物在人类的生活中也发挥着极其重要的作用,例如,抗疟药物青蒿素(倍半萜),抗癌药物紫杉醇(二萜)以及人们常用的各种香料、橡胶等[139]。

1.6.2.2　脂肪族化合物

脂肪族化合物广泛存在于植物挥发油中,例如黄柏果实、芸香及鱼腥草挥发油中含有的甲基正壬酮[140],桂花头香中的正癸烷,松节油中的正庚烷等。异戊醛存在于柠檬、橘子、桉叶等植物的挥发油中,异戊酸存在于桉叶、啤酒花、迷迭香、香茅等植物的挥发油中。叶醇存在于茶叶及其他绿叶植物中,它具有青草的清香,在香精中起香韵调剂的作用。在常见的特征化合物中,脂肪醇有芳樟醇、庚醇、辛醇、壬醇、叶醇,不饱和醛有香叶醛、叶醛、甜瓜醛、香茅醛和橙花醛。

1.6.2.3　芳香族化合物

苯环化合物多具有芳香气味,故称为芳香族化合物,在植物挥发油中芳香族化合物的含量仅次于萜类,存在相当广泛[141]。挥发油中的芳香族化合物,有的是苯丙烷类衍生物,例如香荚兰油中的香兰素、玫瑰油中的苯乙醇、苦杏仁油中的苯甲醛、茴香油中的茴香脑、肉桂油中的肉桂醛、茴丁香油中的丁香酚以及百里香油中的百里香酚等。有的是萜源衍生物,如百里酚、对伞花烃等。

1.6.2.4　含硫含氮化合物

含硫含氮化合物存在于芳香植物中[142],也存在于谷类、豆类、花生、咖啡、可可、茶叶等食品中,但其含量很少。尽管它们属于微量化学成分,但因其具有的特征香气,所以不可忽略。这些物质包括噻唑、呋喃、吡嗪、吲哚、喹啉以及它们的衍生物。

1.6.3　挥发油的药理作用

挥发油是植物中一种重要的活性成分,大多具有杀虫、消炎、平喘、止咳、祛痰、解热、镇痛、抗癌、降压、利尿等作用[143]。例如土荆芥油具有驱蛔虫、钩虫的作用,柴胡挥发油有显著的退热效果,芸香油、满山红油在止咳、平喘、祛痰、消炎方面有较好的疗效[144];莪术油具有抗癌活性[145];小茴香油、木香油有祛风健胃的功效[146];当归油、川芎油有活血镇静作用;松节油、檀香油有降压、利尿作用等。

1.6.4　挥发油的提取方法研究进展

1.6.4.1　水蒸气蒸馏法

水蒸气蒸馏法(steam distillation,SD)将原料置于有孔隔层板网上,当底部水受热产生蒸汽通过原料时,挥发油受热随水蒸气蒸馏出来,收集馏出液,冷却后分离出油层。水蒸气蒸馏适合于水中溶解度不大的挥发性成分的萃取。此方法设备简单、易操作、成本低、挥发油回收率高,是目前使用最多的方法之一。但其提取时间长,加热温度较高时会使热敏性、易分解、易氧化成分损失和原料焦化,使其挥发油品质降低[147]。

1.6.4.2　吸收法

吸收法利用油脂、活性炭或大孔吸附树脂具有吸收挥发油的性质,将挥发油吸收到这些吸附性材料中,再用低沸点的有机溶剂将被吸附的物质提取出来。此法常用于提取贵重的挥发油,如玫瑰油、茉莉花油。但是吸收法所用设备投资大,操作技术要求较高,提取时间较长。

1.6.4.3 溶剂萃取法

溶剂萃取法(solvent extraction,SE)是根据物质中各种成分在溶剂中的溶解性质不同,将有效成分从体系内溶解出来的方法。对于不宜用水蒸气蒸馏的挥发油,可采用低沸点有机溶剂提取。提取方法有浸提法、渗漉法、煎煮法、回流提取法、连续提取法等。溶剂萃取法操作过程烦琐,有机溶剂用量大,且此法得到的挥发油常含有树脂、油脂、蜡、叶绿素等杂质,需进一步精制提纯。

1.6.4.4 冷压法

冷压法(mechanical pressing,MP)又称压榨法,是最传统、最简单的提取方法。此法适用于新鲜原料,如柑橘属果皮含挥发油较多的原料。原料先经捣碎冷压后静置分层,或离心分离出油分。张学愈等[148]采用压榨法提取温莪术鲜品中挥发油,粗油收率可达5.64%,粗油中挥发油的含量达13.75%。该法操作所需时间短和成本低,减少了热敏物质的变化,更好地保存了温莪术油的品质。冷压法操作简便,能有效地保留挥发性成分,能耗低、污染少且所得挥发油可保持原有新鲜香味,但此法所得挥发油多不纯,也不能将全部挥发油压榨出来。

1.6.4.5 同时蒸馏萃取法

同时蒸馏萃取法(simultaneous distillation extraction,SDE)是1964年由Likens和Nickerson设计成功并广泛应用于挥发油提取的一种方法,该方法将蒸馏与萃取合二为一,操作方便,有良好的重复性和较高的萃取率,而且操作简便。闫克玉等[149]分别用SD法和SDE法提取款冬花的挥发油,SDE法挥发油得率为1.936%,而SD法挥发油得率为1.023%。用SDE法所得挥发油产率有所提高,但由于挥发油组分复杂,当蒸馏温度过高时,样品也可能发生水解、氧化或热分解,同时高沸点的组分也难以蒸馏出来。

1.6.4.6 微波辅助萃取法

微波辅助萃取(microwave-assisted extraction,MAE)的基本原理是利用不同组分吸收微波能力的差异,使待提取体系中的某些组分被选择性加热,从而使得待提取物质从体系中分离,进入萃取剂中,达到较高的提取率。娄方明等[150]比较微波辅助水蒸气蒸馏法和传统水蒸气蒸馏法提取走马胎挥发油的异同。从SD法提取的挥发油中共检出32个色谱峰,鉴定出22个成分;从微波辅助水蒸气蒸馏法提取的挥发油中共检出73个色谱峰,鉴定出66个成分。使用微波辅助水蒸气蒸馏法提取挥发油具有更高的收率和更多的化学成分。章亚芳等[151]采用微波辅助水蒸气蒸馏提取矮化芳樟枝叶挥发油成分,结果与传统水蒸气蒸馏提取法所得数据对比,两种方法所得枝叶挥发油主要成分和含量基本相同;但微波辅助水蒸气蒸馏提取法仅需37.5 min即可达到最高提取率。MAE法具有操作时间短、溶剂用量少、能耗少、污染小、产率高、挥发油纯度高等特点,是一种值得推广的挥发油提取方法。

1.6.4.7 超声辅助萃取法

超声辅助萃取法（ultrasonic-assisted extraction，UAE）利用超声波的空化、冲击和振动等效应提高动植物组织中的有效成分在溶剂中的扩散、迁移和释放的速率，使萃取充分。张迪等[152]利用超声辅助萃取杭白菊挥发油，发现随着时间的延长，挥发油得率增加，但杂质量也增加，提取时间 25 min 时最好；随着温度的升高，杭白菊挥发油得率先上升后下降，在 50 ℃时提取效果最好。庞启华等[153]用 SD、SE 和 UAE 法提取高良姜挥发油，发现超声辅助石油醚提取挥发油具有温和、省时、提取的挥发性成分较多等优点。UAE 法有省时、节能、提取率高、损失小、适应性广等优点，但随着超声时间的增加可能存在有机物的合成分解，挥发油损失，且杂质含量也会相应增加等缺点。

1.6.4.8 超临界流体萃取法

超临界流体萃取（supercritical fluid extraction，SFE）是近二三十年迅速发展起来的一项化工分离工艺，其原理是超临界流体在临界压力和临界温度附近具有良好的溶解性、穿透性，通过调节温度、压力，加入适宜夹带剂等方法，发挥萃取和分离功能，提取出各种有效成分。常用的超临界流体有 CO_2、氨、乙烯、丙烷、丙烯和水等。由于 CO_2 的临界温度和临界压力较易达到，而且化学性质稳定，无毒、无味、无腐蚀性，容易得到较纯产品，因此 CO_2 是最常用的超临界流体。SFE-CO_2 可以有效保护精油中热敏性、易氧化分解成分不被破坏，保持精油原有成分和品质，故可用于萃取小分子、低极性、亲脂性活性物质。谢丽莎等[154]采用 SFE-CO_2 及 SD 法从香茅草中提取挥发油，用气相色谱-质谱联用技术（GC-MS）对其化学成分进行定性定量分析。在超临界 CO_2 流体萃取法提取的挥发油中共鉴定出 31 种成分，占挥发油总成分的 91％以上；在水蒸气蒸馏法提取的挥发油中共鉴定出 17 种成分，占挥发油的 94％以上。用超临界 CO_2 流体萃取法比用水蒸气蒸馏法提取的挥发油能更真实、全面地反映原料挥发油的化学成分，但SFE-CO_2 对设备要求较高、一次性投资费用较高、操作技术要求较高。

1.6.4.9 亚临界水萃取法

亚临界水萃取法（sub-critical water extraction，SWE）是采用水作为提取溶剂，温度在 100 ℃以上临界温度 374 ℃以下，压力足够高，使水保持在液体状态的一种新型提取技术。水在亚临界状态下极性随温度升高而降低，因此可通过控制亚临界水的温度和压力，使水的极性、表面张力和黏度变化，从而实现天然产物中有效成分从水溶性成分到脂溶性成分的连续萃取，并可实现选择性萃取。Jiménez-Carmona 等[155]采用亚临界水提取粉碎的香花薄荷叶，在优化的实验条件下，提取 15 min 所得到的油量与水蒸气蒸馏 3 h 所得相当。亚临界水萃取技术是一种简单、快速、环境友好、高效率、重复性好的绿色提取技术。

1.6.4.10 固相微萃取法

固相微萃取法（solid phase microextraction，SPME）根据有机物与溶剂之间"相似相溶"的原理,利用萃取头表面的萃取涂层的吸附作用,将组分从样品基质中分离、富集,完成样品的前处理过程。此法简便、快速、经济安全、无溶剂、选择性好且灵敏度高,可直接与气相色谱-质谱(GC-MS)、高效液相色谱(HPLC)、毛细管电泳仪(CE)等联用,能快速有效地分析样品中的痕量有机物。SPME 的操作方式有两种:一种是将 SPME 萃取头直接插入较洁净的液体样品中,称为直接 SPME 法;另一种是将 SPME 萃取纤维置于液体或固体样品的顶空进行萃取,即顶空固相微萃取法(headspace SPM E,HS-SPME)。薛月芹等[156]采用 SFE-CO₂、SD 及 SPME 3 种方法提取淡竹叶中的挥发油,利用 GC-MS 对化学成分进行分离鉴定。采用 SFE-CO₂ 法共鉴定出 32 个成分,所鉴定的组分占挥发油总成分的 73.52%;采用 SD 法共鉴定出 56 个成分,所鉴定的组分占挥发油总成分的 86.84%;采用 SPME 法共鉴定出 35 个成分。SPME 提取鉴定的化合物种类虽较少,但某些成分如棕榈酸、硬脂炔酸和油酸等只能由 SPME 得到,弥补了其他提取方法的不足。周志等[157]采用 HS-SPME 法和 SDE 法提取野生刺梨汁中挥发性成分,经气相色谱-质谱联用仪分析,HS-SPME 法和 SDE 法分别鉴定出 37 种和 19 种挥发性组分。两种提取方法相比较,HS-SPME 具有快速简便、不使用溶剂、检测组分丰富和样品检测非破坏性等优点,更适宜于野生刺梨汁挥发性成分的分析。

1.6.4.11　分子蒸馏法

分子蒸馏法(molecular distillation,MD)是一种在高真空下(绝对压力 0.133 Pa)操作的连续蒸馏,利用料液中各组分蒸发速率的差异,对液体混合物进行分离的方法。现 MD 主要用于分离和纯化天然产物中沸点高、黏度大、具热敏性的物质。崔刚[158]采用分子蒸馏技术提取大蒜中大蒜精油。所得大蒜精油的外观质量明显提高,平均总提取率可达 0.476%,大蒜精油中水分为 0.15%,纯度达 99.85%。该法克服了其他提取方法存在大蒜素含量低、产率低、色泽差、风味差或溶剂残留等问题。

1.6.4.12　酶解提取法

酶解提取法(enzymes extraction,EE)是在样品中加入适宜的酶,酶在温和的条件下可以分解植物组织,经酶处理后再提取有效成分的方法。丁兴红等[159]研究了用木聚糖酶提取温莪术挥发油的工艺条件。该工艺条件下温莪术挥发油提取率为 2.42%,与未添加木聚糖酶提取工艺相比,温莪术挥发油提取率增加 3.40 倍。汤海鸥等[160]采用两种酶解处理方法研究了酶解对中草药类饲料添加剂松针粉挥发油提取率的影响。研究结果说明在最优酶解条件下,复合酶法提取松针粉有效成分挥发油比常规方法的提取量高出 37.9%。

1.6.4.13　微胶囊-双水相萃取法

微胶囊-双水相萃取法(microcapsule-aqueous two-phase extraction,MATPE)通过溶质在两水相之间分配系数的差异而进行萃取,并选用 β-环糊精作为包裹材料,避免提取过程中的高温、氧化、聚合等不良影响,有效地保护挥发油的天然成分。王娣等[161]把微胶囊技术和双水相萃取技术相结合,采用 β-环糊精-硫酸钠双水相萃取体系提取百里香精油,优化了精油的萃取工艺,即最佳萃取条件为 β-环糊精 0.45 g/mL、硫酸钠0.20 g/mL、萃取温度 45 ℃,精油平均收率高达 95% 以上。该项技术不仅可以简化提取步骤,降低能耗,还能避免提取过程中由高温引起的氧化和聚合,有效地保护精油中的组分,为百里香精油的提取和应用提供一定理论依据。

1.6.4.14 多方法联合萃取

现今为达到提高挥发油产率、纯度,减少提取时间和降低成本的要求,多方法联合应用已越来越多,其提取率也越来越高。Ye 等[162]采用红外辅助蒸馏-顶空固相微萃GC-MS法快速分析干白芷挥发油,同传统的 HS-SPME 测定同种样品的结果进行了比较,发现此种方法萃取时间较短、效率较高,故这种方法可作为提取中药挥发油的方式之一。Deng 等[163]采用微波蒸馏-固相微萃取(MD-SPME)在线联用方法对芦蒿中的香精油进行萃取,结合 GC-MS 进行分析,并与传统水蒸气蒸馏法进行对比,MD-SPME 法在 3 min 内分离确定了 49 种化合物,相对标准偏差(RSD)小于 9%,而传统 SD 法在6 h 内只检测到 26 种化合物。

挥发油提取方法各有特色,并取得了一定成果。传统方法存在提取率低、加热时间长、温度高、污染大等问题;新型分离技术大多具有较好选择性,能在比较温和的条件下,较大程度提高挥发油产率和纯度,但仍存在技术操作要求高、成本高、难以规模化生产等问题。因此多种方法联合更能实现分离、提取、检测一体化,使挥发油提取朝着无污染、高精度、低成本方向发展。同时继续探索新的简便、绿色提取技术和方法,以期广泛应用于实际生产,使挥发油这一生物资源在日用化工、医药、保健品、食品等方面有更大开发和应用前景。

1.7 本书研究内容

本书主要通过梳理天然产物中有效成分的生物活性、提取纯化方法,从三种耐盐植物中提取黄酮、色素、亚油酸、花青素等有效成分,并对各提取物的特性及应用做初步探讨,具体研究内容如下:

(1)以江苏滨海盐地碱蓬为原料,采用超声波强化提取盐地碱蓬中的黄酮类化合物,并用高效液相色谱法测定盐地碱蓬中的黄酮含量,通过正交实验确定了超声辅助提取盐地碱蓬中黄酮类物质的最佳工艺条件;优化大孔吸附树脂纯化盐地碱蓬黄酮的优化工艺;并进一步研究盐地碱蓬中黄酮类化合物的抗氧化活性,为盐地碱蓬黄酮的提取纯化提供参考。

(2)以江苏滨海盐地碱蓬为原料,通过优化碱蓬红色素提取工艺确定最佳提取工艺,并经紫外光度法分析初步确定碱蓬红色素的主要成分为甜菜红素,对碱蓬红色素的稳定性做进一步探讨;利用从盐地碱蓬中提取出的盐地碱蓬红色素,通过单因素和正交实验,考察对壳聚糖季铵盐阳离子改性棉织物的抗菌染色工艺,得出碱蓬红色素上染改性棉织物的最佳抗菌染色—浴染色工艺;初步探索织物抗菌性与染色性能之间的关系,得出碱蓬红色素对大肠杆菌、金黄色葡萄球菌、枯草芽孢杆菌、绿脓杆菌的最低抑菌浓度;通过抗菌效果与染液浓度的关系,可以初步掌控上染织物的抗菌效果。

(3) 以盐城滨海盐碱地海蓬子籽为原料,以甲醇/氯仿体系为提取液,采用超声辅助提取海蓬子籽油,通过正交实验法研究了主要影响因素对海蓬子籽中亚油酸提取率的影响,确定了超声辅助提取海蓬子籽中亚油酸的最佳工艺条件;采用尿素包合法纯化海蓬子籽油中的亚油酸,并对包合条件进行探讨,以确定最佳海蓬子亚油酸的最佳提取工艺条件,以期为海蓬子亚油酸的开发利用提供借鉴和参考。

(4) 以江苏大丰盐土大地海洋生物产业科技园的红菊苣为原料,采用双水相(乙醇-硫酸铵)和超声联合提取技术来提取红菊苣叶中的花青素,通过单因素实验考察乙醇体积分数、硫酸铵质量分数、超声频率、液料比等对花青素提取的影响,并利用 DesignExpert 8.0 软件进行 Box-behnken 中心组合实验建立数学模型,以响应面分析优化提取条件,得出理论最佳工艺方案,并结合生产实际得出实际最佳提取条件。同时,以改性淀粉为壁材,制备花青素微胶囊,提高其稳定性,以期为红菊苣相关保健食品的开发提供实验依据。

苏北沿海滩涂资源丰富,拥有滩涂面积 1 130 万亩,占全国的 1/4 以上。通过以上研究,可以实现对沿海滩涂生态系统的改善和对盐土的垦殖利用,为沿海滩涂资源开发打下坚实的基础;促进农业结构调整和增长方式转变;促进企业的产品升级换代,实现产品多功能化;带动农民就业和创收,为本地区的可持续发展提供新的途径,为发展资源节约型和环境友好型的现代工业和建设社会主义新农村做出积极的贡献,从而实现本地区经济效益、社会效益和生态效益的同步发展。

2 盐地碱蓬中黄酮类化合物的提纯及抗氧化活性研究

>>>

2.1 研究背景

2.1.1 盐地碱蓬概述

盐地碱蓬(又名翅碱蓬、黄须菜、盐蒿、海英菜),幼苗可做蔬菜,种子可榨油;主要生于海滨、湖边等荒漠半荒漠地区浅平洋地边缘的盐生沼泽环境。据《本草纲目拾遗》介绍,盐地碱蓬具有较高的医用价值,性咸凉、无毒、消积、清热。碱蓬营养丰富,富含多种不饱和脂肪酸、维生素、微量元素,有重要的保健功效。近年来一些研究发现,碱蓬属植物具有抗氧化、降血脂及增强机体免疫力、抗炎等作用,适用于预防心血管系统疾病,是老年人、高血压病人以及健康人良好的保健品。由此可见,盐地碱蓬将成为一种具有较好开发前景的野生植物资源。

盐地碱蓬系藜科碱蓬属,一年生草本植物,一般株高 20～60 cm,经脱盐土人工栽培,其株可高达 80 cm;植物体呈绿色或紫红色;茎直立,圆柱形,略有红色条纹,多分枝;枝细长,斜生或者开展;叶线形,肉质、对生,角质层较厚。正常年份 3 月上旬种子可萌发出苗,出土后子叶鲜红,7～8 月开花,9～10 月结果,最适生长期为 5 月中旬至 8 月中旬。春天和夏天碱蓬叶是墨绿色的,到了秋天碱蓬叶呈现紫红色,像条鲜艳夺目的地毯覆盖在大地上。

碱蓬种类繁多,其广泛分布在亚洲、欧洲。碱蓬在我国不仅分布广阔,而且生长能力强、周期短、跨度大,每年黄河三角洲地区的碱蓬产量高达 3.3×10^5 t。

2.1.2 盐地碱蓬开发利用价值

2.1.2.1 食用价值

碱蓬作为北方的传统野菜,早在饥荒年代,被人们用作食物充饥。碱蓬茎叶中营养成分种类丰富,再加上其生长环境远离人烟,较少受到化肥农药的污染,是典型的无公害绿色蔬菜。鲜艳的颜色和略带海鲜风味的清香味道,使其成为地方特色食物,用于凉拌、馅料、炒食等。

碱蓬籽中粗脂肪含量达 20%～30%,粗蛋白含量接近 30%,工业出油率为 18%～25%。碱蓬籽油中含 90% 以上的不饱和脂肪酸,同时,亚油酸和亚麻酸含量较高,优于食用油,可作为一种新型的高级食用油,在 2013 年被卫计委列入新资源食品。另外,碱蓬籽油还可用于生产共轭亚油酸,此研究已在中国科学院海洋研究所通过中试鉴定。

盐地碱蓬是天然的食用红色素来源,其色素着色性好,颜色鲜艳,并具有一定保健功能,是优质的食品添加剂。

2.1.2.2 饲料

叶蛋白是从植物叶中提取出的蛋白质,其氨基酸组成比一般谷类和豆类的蛋白质优良,与除乳类和蛋类以外的一般动物蛋白质相似,营养价值较高,可作为饲养家畜所用饲料以及人类饮食的蛋白质补充物。碱蓬植株中含有大量的叶蛋白,同时在榨油后的碱蓬籽残渣中含有丰富的蛋白质,二者均是很好的饲料蛋白来源,经微生物发酵利用率更高。盐地碱蓬生长于 4 月至 10 月,作为饲料不受季节性限制,被广泛利用于畜牧养殖。

2.1.2.3 药用价值

盐地碱蓬的药用价值早在《本草纲目拾遗》中就有记载,盐蓬,味咸性寒,清热消积。现代医学研究发现,碱蓬籽油中的不饱和脂肪酸含量丰富,具有预防心脑血管疾病、降压降糖降脂等保健功效。含量丰富的黄酮类物质和微量元素硒还使碱蓬具有天然抗氧化和抗癌等功效。

2.1.2.4 改良土壤

沿海滩涂地面的土壤多为盐碱土,含盐量较高,一般植物由于缺乏耐盐基因而无法生长,耐盐植物由于自身特殊的生物化学途径可以合成有效的代谢产物、特殊的蛋白质和某些特定的自由基清除酶而保持体内水和离子的平衡,从而适应盐碱环境的胁迫。盐地碱蓬就是这样一种植物,能在盐碱土上自由生长,为斑驳的土地带来生机。通过三年的田间实验研究发现,种植了碱蓬的土壤出现了一个明显的脱盐过程,且土壤中有机质和养分增加,对滨海盐碱土有显著改良作用。Albaho 等[164]将盐地碱蓬和番茄种植在一起,置于封闭绝缘的系统中,观察生长介质中的含盐量和番茄的生长及产量,结果显示盐地碱蓬的生长介质中的 Na^+ 浓度显著减少,但没有抑制番茄植株的生长;减少了番茄果实的腐烂,但对果实的种类、数量和产量没有影响。

盐地碱蓬具有较强的耐盐、耐旱、耐低温等特点,对不良环境有很强的适应性,是潜在的、可贵的抗逆性基因来源之一。这种专性盐生植物可在逆境胁迫下生长的主要原因之一是渗透调节作用。两类物质可起到渗透调节作用：一类是如 K^+、Cl^+ 等无机离子,需要从外界吸收并积累；另一类是甜菜碱、可溶性糖和游离氨基酸等物质,由细胞内部合成。因此研究碱蓬中甜菜碱合成关键基因等抗性基因对培育具有抵抗不良环境的优良品种具有重要意义。

2.1.3　功能成分

新鲜盐地碱蓬可食茎叶部分含水量在 80％ 左右,干样中粗蛋白和总糖含量较少；粗灰分、粗纤维含量较高；维生素、矿物质及微量元素,脂肪酸种类丰富。经过与普通蔬菜的营养成分对比,盐地碱蓬是一种符合现代营养学概念的野生蔬菜。

2.1.3.1　脂肪酸类

深秋季节,盐地碱蓬开始结籽,种子呈亮黑色纽扣状,直径约 3 mm。于海芹等[165]采用气质联用技术测定分析盐地碱蓬籽油及其脂肪酸组成,发现盐地碱蓬种子产量和含油量比一般油料作物的低,但不饱和脂肪酸含量高,具有较高的营养价值。在现代营养学中,必需脂肪酸对人体来说是不可或缺的,它们是磷脂的重要组成成分,是合成前列腺素的前体,参与生物合成类二十烷酸物质,与胆固醇的代谢密切相关。李洪山等[166]研究发现碱蓬籽油中含有丰富的亚油酸,不饱和脂肪酸占总脂肪酸含量的90.65％,其中亚油酸含量为 68.74％,不饱和脂肪酸和亚油酸含量均高于核桃油、花生油等常见食用油中的含量,碱蓬籽油是目前发现的亚油酸含量较高的油料之一。

2.1.3.2　膳食纤维

据报道,盐地碱蓬粗纤维含量在营养生长阶段较低,随着生长期的推移含量逐渐升高；盛花期干燥的盐地碱蓬全植株中的粗纤维含量可达 20％。小麦麸皮中的膳食纤维在预防结肠癌方面比其他纤维有效,而衣丹等利用酶解和碱处理相结合的办法提取碱蓬高活性膳食纤维,发现其功能性质优于小麦麸皮的膳食纤维。

2.1.3.3　色素类物质

随着碱蓬植株的生长,其颜色由红到紫红,鲜艳明亮,可作为天然色素来源。姜雪[167]对盐地碱蓬中红色素的提取、纯化条件及色素性质进行了研究。结果显示其色素溶于水,不溶于无水乙醇等有机溶剂；色素稳定性较差,易受热、氧气、光照、pH 等外界环境影响而褪色；通过紫外吸收及红外光谱法,初步推断盐地碱蓬色素主要成分为甜菜红类物质。

2.1.3.4　黄酮类化合物

黄酮类化合物是一种广泛存在于植物体中的天然产物,因具有抗病毒、抗肿瘤、抗氧化、抗炎、抗衰老等生理药理活性,而成为国内外研究的热点课题。2005 年,高健等[168]首次研究发现盐地碱蓬中黄酮类化合物的存在,并对盐地碱蓬中总黄酮的提取工艺条件进行研究。张跃林等[169]采用水提法提取盐地碱蓬中的总黄酮,其含量为4.84％,回收率为 99.4％,纯度和产率均较高。

2.1.3.5 辅酶 Q10

辅酶 Q10(Coenzyme Q10,CoQ10),又称泛醌,是一种脂溶性抗氧化剂。辅酶 Q10 最早于 1957 年在美国被发现,1978 年英国爱丁堡大学彼得·麦克博士因在研究辅酶 Q10 与细胞能源关系方面的贡献获得诺贝尔奖。

辅酶 Q10 以极低的含量广泛存在于各类动植物体内,参与线粒体呼吸链上氧化磷酸化反应中的电子和质子传递,是细胞能量物质三磷酸腺苷 ATP 生成过程中不可缺少的组成成分。辅酶 Q10 是所有类型细胞发挥正常功能不可或缺的物质,补充辅酶 Q10 有保护心肌、治疗呼吸肌疲劳、治疗冠心病及抗肿瘤等作用[170-171]。辅酶 Q10 作为具有医学价值的重要生化药物、保健食品和化妆品原料,越来越受到人们的关注。高健等利用醇碱皂化法从干燥碱蓬幼苗中提取辅酶 Q10,并用 HPLC 法测定其含量为 63.1 $\mu g/g$。

目前,辅酶 Q10 的制备方法主要有三种,分别是动植物组织提取法、微生物发酵法和人工合成法。从动植物组织中提取时因原料不同,提取溶剂和方法也有所不同。对辅酶 Q10 的乙醇浸提法、碱皂化法和丙酮研磨法进行了研究比较,发现丙酮研磨法在辅酶 Q10 的提取过程中,操作相对简单,提取率高。辅酶 Q10 的检测分为定性检测和定量检测。定性检测有化学显色法和薄层色谱法,定量检测有分光光度法和高效液相色谱法。

2.1.3.6 维生素类

维生素是人类及自然界中动物必须从食物中摄取的微量有机物质之一,其在机体的新陈代谢中起着至关重要的作用。现代研究发现盐地碱蓬籽油及花粉中含有的主要维生素为维生素 E,其含量高达 3 305.31 mg/kg。除此之外还发现含有视黄醇(VA)、抗坏血酸(VC)、硫胺素(VB1)、核黄素(VB2)、烟酰胺(VB3)、吡哆素(VB6)、氰钴胺(VB12)、钙化醇(VD2)、胡萝卜素。

2.1.3.7 氨基酸类

氨基酸是生物体合成蛋白质最基础的物质之一。盐地碱蓬中有 8 种人体所必需的氨基酸,分别为苏氨酸(Thr)、缬氨酸(Val)、亮氨酸(Leu)、异亮氨酸(Lle)、苯丙氨酸(Phe)、色氨酸(Trp)、赖氨酸(Lys)、甲硫氨酸(Met),除此之外还含有天冬氨酸(Asp)、丙氨酸(Ala)、脯氨酸(Pro)、丝氨酸(Ser)等多种非必需氨基酸。

2.1.3.8 微量元素类

微量元素占人体的体质量比例不到 0.01%,在机体中所占比重极少,其中包括生物正常发育和维持基本功能所必需的矿物质。盐地碱蓬籽油中含有的铁(Fe)元素高达 7 mg/kg,成年人每天的铁元素标准摄入量在 15～20 mg/kg,由此可见盐地碱蓬可作为人体补充铁元素的来源之一。除此之外盐地碱蓬中还有钾(K)、钠(Na)、钙(Ca)、镁(Mg)、磷(P)、锌(Zn)、铜(Cu)、碘(I)、硼(B)等多种人体所必需的微量元素。

2.1.3.9 蛋白质

蛋白质是构成生命活动的基础。戴蕴青等[172]发现盐地碱蓬中蛋白质的含量比较高,每 100 g 盐地碱蓬样品中含有的蛋白质约为 4.1 g,所含有的蛋白质高于一般蔬菜。

2.1.4 盐地碱蓬中黄酮类化合物的抗辐射功能

黄酮类化合物是指以黄酮为母体的一大类化合物,广泛分布于蔬菜、水果、牧草和药用植物中,是许多中草药的有效成分。20 世纪 20 年代,国外把槲皮素、芦丁用于临床后,才引起人们的关注。60 年代末,人们发现黄酮类化合物有抗炎、抗病毒、利胆、强心、镇静和镇痛等作用。到 70 年代,又发现它们有抗氧化、抗衰老、免疫调节和抗肿瘤等作用。已知的黄酮类化合物单体总数已超过 8 000 多种[173],目前可以分为黄酮、黄烷醇、异黄酮、双氢黄酮、双氢黄酮醇、黄烷酮、花色素、查耳酮、色原酮等类别。

(1) 对造血系统的保护作用

造血组织是放射高敏感组织,辐射攻击的主要靶细胞为造血干细胞、粒系祖细胞、红系祖细胞,辐射对于造血系统的损伤主要是抑制或破坏造血干细胞和增殖细胞的增殖能力,辐射常造成骨髓抑制、微循环障碍、白细胞下降及造血微环境破坏等损伤,具有生物活性物质黄酮类化合物可能是通过机体调节造血相关细胞因子分泌,促进造血系统恢复的同时增加了机体对自由基的清除能力,减轻造血组织的损伤,从而达到抗辐射的作用。

(2) 对免疫系统的保护作用

机体免疫系统是辐射损伤的敏感系统,其中 T 淋巴细胞敏感性最高。机体由于辐射损伤产生免疫功能紊乱状态,表现为免疫活性细胞数量减少,抗体形成受到抑制或紊乱,细胞因子网络调节失常。长期的免疫功能障碍使病人处于对细菌、病毒等病原体和其他因子的高敏状态,加重病情,导致早衰和死亡。因而免疫系统辐射损伤的治疗是放射病治疗的关键环节。许多研究者从细胞因子的诱生和调节方面研究了天然药物黄酮类物质对于免疫系统辐射损伤的防护作用。

(3) 清除自由基、抗氧化作用

在辐射损伤中,机体产生大量的自由基,这些自由基系含有未成对电子的原子或原子团。在生物体内由氧分子和水分子衍生的自由基占绝大多数,包括超氧阴离子、羟自由基(·OH)、过氧化氢等,黄酮类化合物通过清除这些自由基,而达到减轻和消除辐射带来的损伤[174]。

(4) 保护 DNA

DNA 是辐射损伤的一个重要的靶分子,放射生物学效应很多是通过 DNA 损伤表现出来的。DNA 不但是辐射直接作用的靶点,也是辐射所产生的自由基间接攻击的目标之一。辐射损伤最终引起 DNA 断裂、基因突变、染色体重组、细胞转化和细胞死亡等。因此,降低放射线对 DNA 损伤是辐射防护研究的重要内容之一。研究表明很多黄酮类物质在保护 DNA 和抗辐射损伤方面发挥着重要的作用。

总而言之,众多黄酮类物质发挥抗辐射作用主要有以下几个方面:抗氧化作用、抗自由基作用及抗辐射损伤。其中作用较为显著的主要有几种大豆异黄酮、银杏叶黄酮、毛地黄黄酮、黄芪总黄酮、圣罗勒黄酮化合物、柑橘生物类黄酮和原花青素等。

2.1.5 盐地碱蓬基因工程研究进展

盐地碱蓬是一种典型的抗逆性强的真盐生植物,且营养丰富、含有多种功能成分,蕴含着巨大的生态、经济和社会效益,特别是在植物耐盐基因工程的研究利用方面更显示出了广阔的应用前景和巨大的利用价值,因而近年来日益为人们所重视。目前对盐地碱蓬抗逆特别是抗盐机制的研究已从生理水平深入到了生化及分子水平,并由此带动了其耐盐基因工程的研究,同时,对其保健和药用功效的研究也取得了一定进展。

由于盐地碱蓬具有众多的真盐生植物抗盐相关基因,因此人们迫切希望通过基因工程的手段将这些抗盐基因导入到非盐生植物中去,以提高后者的耐盐能力,这对于发展沿海滩涂农业和改良盐碱地具有十分重要的意义。

从目前盐地碱蓬基因工程实践可以看出,虽然已取得了一定进展[175],但大部分都是实验室水平的,并且多数情况下转基因实验的结果尚不能令人满意。目前面临的困难主要有缺乏成熟、有效的目的基因;对基因导入后的表达调控缺乏了解和控制;对于导入基因在转基因植株中引起的效应与其抗盐性之间的关系缺乏本质的了解;等等。要解决上述问题,只有进一步深入研究盐地碱蓬及转基因受体植株的抗盐机制,有针对性地筛选目的基因并尽可能按照基因表达调控的网络关系构建复合型的载体来进行基因转移,以期更好地发挥目的基因。

2.1.6 盐地碱蓬中黄酮类化合物在食品中的应用

随着科技的发展,人们接触到的辐射危害日趋严重,通过食用防辐射食品来降低辐射危害也是一条重要途径。目前防辐射功能食品还不是很多。黄酮在食品中的应用很广,但是黄酮类化合物使用剂量和食用时间尚待进一步研究,目前利用黄酮类化合物开发黄酮防辐射食品的还很少,这与黄酮抗辐射研究处于初步阶段有关。1996 年卫计委公布了抗辐射功能保健食品的实验项目和评价方法。许多科研单位和企业也开始了抗辐射保健食品研究,大约 50 余种抗辐射保健食品已经获准生产上市,但其中含有黄酮成分的只有 2 种,分别是恒源康牌天服康片、尤佳牌山力刺玫胶囊。随着市场需求的扩大和对黄酮研究的深入,未来必将出现众多以黄酮类化合物为主要功能因子的抗辐射保健食品。

盐地碱蓬具有很好的保健和药用功效,除了具有较强的抗盐性,还富含多种蛋白质、维生素和脂肪酸等营养物质,而且一直被认为具有清热解毒、降压降脂、助消化、延缓衰老等功效。有人认为盐地碱蓬抗衰老的生化机制在于对自由基的清除。李梦秋等[176]通过盐地碱蓬幼苗水提取物对小鼠非特异性免疫功能影响的研究,确证了盐地碱蓬具有增强非特异性免疫能力的潜在药用功效。Benwahhoud 等[177]则发现与盐地碱蓬同属的镰叶碱蓬(suaeda fruicosa)对糖尿病小鼠具有显著的降血糖功效。此外,盐地碱蓬中富含具有抗癌、降脂等功效的共轭亚油酸是其可药用的直接证据。进一步明确盐地碱蓬中的药用成分并对其开展深入的药理学研究,将成为盐地碱蓬综合开发利用的又一新方向。

综上所述,盐地碱蓬中的黄酮类物质的存在以及盐地碱蓬本身所具有的多方面的营养和保健作用表明了盐地碱蓬中黄酮类物质的开发与应用具有广阔的市场前景和巨大的生态、社会和经济价值。

2.1.7 超声辅助提取黄酮类化合物的优势

超声辅助提取是一种操作简单、效率比较高的技术[178],超声空化可使细胞壁破裂,同时,超声波可促进溶剂和活性成分的双向转移[179]。超声波用于辅助从植物中提取活性物质,可减少溶剂用量和提取时间,降低提取温度,有利于热敏感物质和不稳定物质的提取。

本章采用超声波强化提取盐地碱蓬中的黄酮类化合物,采用高效液相色谱法测定了盐地碱蓬中的黄酮含量。通过正交实验确定了超声辅助提取盐地碱蓬中黄酮类化合物的最佳工艺条件,采用大孔吸附树脂对提取得到的黄酮类化合物进行纯化,得出最佳纯化工艺,并进一步研究了盐地碱蓬黄酮类化合物的抗氧化活性,以期为该资源的利用和开发提供参考。

2.2 实验方法

2.2.1 实验原料

盐地碱蓬:采自盐城滨海盐碱地。60 ℃下鼓风干燥,将烘干后的样品粉碎成粉末,4 ℃密封保存备用。

2.2.2 药品与试剂

部分药品与试剂见表2-1。

表2-1 药品与试剂

品名	纯度	生产厂家
甲醇	GR	德国 Merck 公司
乙腈	GR	德国 Merck 公司
芦丁对照品	GR	国药集团
乙醇	AR	天津市凯通化学试剂有限公司
盐酸	AR	天津市凯通化学试剂有限公司
氢氧化钠	AR	天津市凯通化学试剂有限公司
抗坏血酸(VC)	AR	上海化学试剂有限公司
亚硫酸铁	AR	无锡晶科化工有限公司

表 2-1(续)

品名	纯度	生产厂家
甲酸	AR	无锡晶科化工有限公司
氯化铁	AR	无锡晶科化工有限公司
三氯乙酸	AR	天津致远化学试剂有限公司
铁氰化钾	CP	广州化学试剂厂
邻苯三酚	AR	天津福晨化学试剂厂
三羟甲基氨基甲烷(Tris)	AR	天津福晨化学试剂厂
邻菲罗啉	AR	上海化学试剂厂
双氧水	AR	广东光华科技股份有限公司

2.2.3 仪器设备

主要仪器设备见表 2-2。

表 2-2　仪器设备

仪器名称	生产厂家
LC-5500 型高效液相色谱仪	北京东西分析仪器有限公司
FW100 型高速万能粉碎机	天津市泰斯特仪器有限公司
HZT-A 型精密天平	上海鼎拓实业有限公司
KQ5200DB 型数控超声波清洗器	昆山市超声仪器有限公司
RE-52A 型旋转蒸发仪	上海亚荣生化仪器厂
101-2 型鼓风干燥箱	上海市实验仪器厂
T18 高剪切分散乳化匀浆机	德国 IKA 工业设备

2.2.4 实验方法

2.2.4.1 正交实验法优化盐地碱蓬中黄酮类化合物的超声提取工艺

(1)色谱条件

色谱柱 Diamonsil C_{18}(4.6×250 mm,5 μm);流动相为水与甲醇,体积比为 30:70,流速为 1.0 mL/min,进样量为 20 μL;检测波长:360 nm;柱温:25 ℃;理论塔板数按芦丁计算应不低于 3 000。

(2)芦丁标准曲线的绘制

准确称取芦丁 10.5 mg 在 120 ℃下烘至恒重,用 70%的色谱级甲醇溶液溶解稀释至 50 mL,分别量取 0 mL、1.0 mL、2.0 mL、3.0 mL、4.0 mL 和 5.0 mL,置于 10 mL 容量瓶中,用 70%的色谱级甲醇溶液稀释至 10 mL,摇匀后,得到不同浓度梯度的标准溶液,将各标准溶液在(1)所述的检测条件下测定色谱峰面积。根据标准溶液浓度和对应测得的峰面积,制作出黄酮含量对比基准。

（3）盐地碱蓬中黄酮类化合物的提取

采集盐城滨海盐碱地的盐地碱蓬茎、叶，晾干、粉碎；60 ℃干燥 2 h，按一定固液比加入不同浓度乙醇溶剂，选取不同超声提取温度和提取时间，放入超声波仪中进行提取（提取时加回流装置，以防溶剂损失），趁热抽滤，收集提取液，加入与乙醇提取液体积比为 1∶1 的石油醚，萃取 3～4 次，脱去脂溶性杂质，将乙醇溶液层转入大孔吸附性树脂柱，原液与树脂量的比为 1∶2，依次用水、80％乙醇洗脱至溶液由浅黄色变为无色，收集乙醇溶液洗脱液，将洗脱液于 50 ℃条件下碱液浓缩，得到盐地碱蓬黄酮类化合物浸膏。取所得浸膏，用 70％的色谱级甲醇溶液稀释成 100 mL，摇匀，配置成待测溶液。

将所得待测溶液在（1）所述的检测条件下，测得待测溶液的峰面积值，由标准曲线求得该待测溶液浓度。

按下式计算出黄酮类化合物的提取率：

$$黄酮类化合物提取率＝(cV/m)×100％$$

式中，c 为提取液中黄酮类化合物的浓度，g/mL；V 为提取液的体积，mL；m 为盐地碱蓬粉末的质量，g。

（4）正交实验设计

在单因素实验的基础上，根据正交实验设计原理，选择影响盐地碱蓬黄酮类化合物提取率较大的 4 个主要实验因素，考察盐地碱蓬盐黄酮类化合物提取率。根据正交实验设计方案进行实验，确定盐地碱蓬黄酮类化合物的最佳提取工艺条件。

（5）验证实验

利用正交实验优选出的最佳提取工艺条件进行验证实验。

2.2.4.2 大孔吸附树脂纯化盐地碱蓬中黄酮类化合物的研究

（1）树脂的预处理与再生

① 大孔吸附树脂的预处理

在提取器中加 95％乙醇加热回流洗脱树脂，至洗脱液蒸干后无残留物。洗净的树脂脱去溶剂后保存备用。以乙醇湿法装柱，用乙醇洗脱，不时检测流出的乙醇，直到流出的乙醇液用水稀释不浑浊为止（取 1.0 mL 乙醇加 5.0 mL 水），用蒸馏水洗至无醇味，备用。

② 大孔吸附树脂的再生

一般用 95％乙醇洗脱至无色时，树脂即已再生，然后以大量的蒸馏水洗去乙醇，即可进行下一次的吸附分离。当树脂反复使用，吸附能力下降或受污染时需强化再生，在容器内加入 3％～5％盐酸溶液浸泡树脂 2～4 h，然后将树脂装柱，用 3～4 倍树脂体积的盐酸溶液淋洗后用蒸馏水洗至中性；再用 3％～5％的 NaOH 溶液浸泡树脂 2～4 h，用 3～4 倍树脂体积的碱溶液通柱，最后用蒸馏水洗至中性，备用。

（2）大孔吸附树脂对盐地碱蓬黄酮类化合物的静态吸附实验

① 树脂的选择

本工艺对 6 种不同极性的树脂进行吸附量、解吸率的测定,优选最佳性能的树脂。各树脂的物理性质如表 2-3 所示。

表 2-3　各种吸附树脂的物理性质

树脂名称	极性	粒径 /mm	比表面积 /(m²/g)	平均孔径 /mm	外观	孔容/(mL/g)
NKA-9	极性	0.3～1.25	250～290	15.5～16.5	微黄色颗粒	1.0～1.04
NKA-11	极性	0.3～1.25	160～200	14.5～15.5	红棕色颗粒	0.62～0.66
AB-8	弱极性	0.3～1.25	480～520	13～14	乳白色颗粒	0.73～0.772
D-101	非极性	0.3～1.25	480～520	25～28	乳白色颗粒	1.18～1.24
D4020	非极性	0.3～1.25	540～580	10～10.5	乳白色颗粒	2.88～2.92
X-5	非极性	0.3～1.25	500～600	29～30	乳白色颗粒	1.20～1.24

② 树脂吸附量及解吸率的测定

准确称取经预处理的 6 种树脂各 1.0 g,置于 150 mL 三角瓶中,加入黄酮类化合物浓度为 0.540 mg/mL 的盐地碱蓬提取液 40 mL,置于恒温水浴振荡器中振荡,温度 30 ℃,振荡频率为 120 r/min,振荡 24 h,充分吸附后过滤,再用 100 mL 95%乙醇洗脱各种树脂吸附的盐地碱蓬黄酮类化合物,分别测定滤液及洗脱液中黄酮类化合物的浓度,计算各树脂的吸附量(mg/g)及解吸率(%)。

吸附量＝(黄酮的初始浓度－黄酮的平衡浓度)×溶液体积/树脂质量

解吸率＝洗脱液中黄酮含量/树脂吸附黄酮含量×100%

(3) 树脂的静态吸附动力学曲线

准确称取已处理好的 AB-8、D-101 两种树脂各 2 g 于 150 mL 三角瓶中,分别加入 40 mL(黄酮类化合物浓度为 0.75 mg/mL)盐地碱蓬黄酮类化合物提取液,置于恒温水浴振荡器上,30 ℃、120 r/min 振荡,在设定时间取样测定,以吸附量对时间作图,绘制静态吸附曲线。

(4) 解吸剂的选择

从解吸效率、易于吸收、节能、廉价和毒性角度来选择解吸剂,以醇类较佳。所以选用乙醇作为解吸剂,通过静态实验来确定乙醇浓度。取充分吸附后的 AB-8 树脂 1.0 g 置于 150 mL 三角瓶中,分别准确加入 30%、50%、70%、80%、90%乙醇各 25 mL,室温静置 24 h,过滤,分别测定滤液中盐地碱蓬黄酮类化合物含量,根据吸附量计算解吸率(%),比较不同浓度乙醇对盐地碱蓬黄酮类化合物抗氧化活性物质的解吸效果,优选解吸率高的作为解吸剂。

(5) 吸附树脂的动态吸附实验

称取一定量预处理好的 AB-8 树脂,以湿法装入 φ1.6 cm×40 cm 的玻璃层析柱中。将一定浓度的盐地碱蓬黄酮类化合物提取液通入树脂柱,控制流速,分部收集流出液,当流出液黄酮类化合物浓度达上样液浓度的 1/10 时,认为盐地碱蓬抗氧化活性物质已透过,停止进样,计算吸附量。

$$吸附量＝上样液浓度(mg/mL)×流出液体积(mL)$$

(6) 影响吸附性能因素实验

① 上样液浓度对吸附性能的影响

将盐地碱蓬提取液加水稀释成不同浓度的上柱液,进行动态吸附实验。考察上样液浓度对吸附量的影响。

② 吸附流速对吸附性能的影响

用装有 AB-8 树脂的层析柱对盐地碱蓬提取液进行吸附-洗脱,调节流速分别为 0.5 BV/h、1 BV/h、1.5 BV/h、2 BV/h,测定吸附量,考察不同吸附流速对吸附树脂吸附量的影响。

③ pH 值对吸附性能的影响

将提取液(pH＝4.30)用 HCl(10%)和 NaOH (10%)调节成不同 pH 值的溶液,以 AB-8 树脂为吸附载体,进行动态吸附实验,考察 pH 值对吸附量的影响。

(7) 不同解吸流速对洗脱效果的影响

取充分吸附后的 AB-8 树脂装柱,用 70%乙醇进行解吸,控制一定流速,分步收集洗脱液,测定其中黄酮类化合物的浓度,绘制解吸曲线。

2.2.4.3 盐地碱蓬黄酮类化合物的抗氧化活性研究

(1) 还原性测定

分别取同体积 0.20 mg/mL 经纯化的黄酮乙醇液与 VC 溶液于两支 10 mL 比色管中,各加入 pH＝6.6 的磷酸盐缓冲液(PBS)2 mL,1% $K_3Fe(CN)_6$ 溶液 0.5 mL,50 ℃恒温反应 20 min 后,急速冷却,加入 10%三氯乙酸溶液 1.0 mL,蒸馏水定容至刻度,2 000 r/min 离心,10 min 后各取 5.0 mL 上清液加入 0.1%$FeCl_3$ 溶液 0.5 mL,定容至刻度,摇匀静置 10 min 后,以不加 $K_3Fe(CN)_6$ 和 $FeCl_3$ 为参比,在 700 nm 处测定吸光值。作图比较待测液体积对吸光度的影响。

(2) 羟基自由基(·OH)清除实验

参照文献,略做修改。取 7 支 10 mL 比色管,加入 0.20 mg/mL 的邻菲罗啉 1.0 mL,3.8 mL pH＝7.4 的 PBS 缓冲液,摇匀,加入 0.20 mg/mL 的 $FeSO_4$ 溶液 2.0 mL。分别在 1～5 号比色管中加入不同体积 0.2 mg/mL 的黄酮提取液,再在 1～5 号及 6 号比色管中加入 0.01%的 H_2O_2 溶液 1.0 mL,1～7 号都用蒸馏水定容至刻度,在 37 ℃下恒温反应 1 h,于 536 nm 处测定吸光度。

用相同含量的 VC 代替黄酮提取液按上述步骤进行。分别作图比较待测液加入量对羟基自由基清除率的影响。清除率计算公式如下:

$$\omega=100\%×(A_0-A_1)/(A_2-A_1)$$

式中:ω 为·OH 清除率,%;A_0 为 1～5 号比色管各自的吸光度;A_1 为 6 号比色管的吸光度；A_2 为 7 号比色管的吸光度。

（3）超氧阴离子自由基（$O_2^- \cdot$）清除实验

参考文献，略做修改，分别加入 pH＝7.3，0.05 mol/L Tris-HCl 缓冲液 5.0 mL 于两支 10 mL 比色管中，1 号比色管加入一定量 0.2 mg/mL 黄酮提取液，25 ℃预热 20 min，之后两管均加入 5.0 mmol/L 邻苯三酚（用 10 mmol/L 的 HCl 溶液作为溶剂）1.0 mL，摇匀，25 ℃恒温静置 3 min 后立即加入 5 滴浓 HCl，用蒸馏水定容至 10 mL。1 号比色管以等量黄酮提取液为参比，2 号比色管以蒸馏水为参比，分别在 319 nm 处测定吸光度。

用相同的 VC 溶液代替黄酮提取液按上述过程进行，分别作图比较加入液体积对 $O_2^- \cdot$ 清除率的影响。清除率计算公式如下：

$$\omega = 100\% \times (A_2 - A_1)/A_2$$

式中：ω 为 $O_2^- \cdot$ 清除率，％；A_2 为 2 号比色管的吸光度；A_1 为 1 号比色管的吸光度。

2.3 结果与分析

2.3.1 正交实验法优化盐地碱蓬中黄酮类化合物的超声提取工艺

2.3.1.1 芦丁标准曲线

按照 2.2.4.1 的方法绘制得到芦丁标准曲线，根据标准曲线可以得到黄酮类化合物浓度的回归方程：$Y = 18\,893X + 38\,546$，$r = 0.997\,2$，在 0～150 mg/L 范围内呈良好的线性关系。

2.3.1.2 黄酮类化合物提取的单因素实验结果

（1）超声功率对黄酮类化合物提取率的影响

图 2-1 为超声功率对黄酮类化合物提取率的影响。从图 2-1 可以看出，超声功率在 200～380 W 范围内，黄酮类化合物提取率随超声功率增加而提高，当超声功率高于 380 W 时黄酮类化合物提取率反而略有下降。适当地提高超声功率，可以加速组织中的细

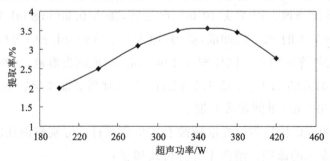

图 2-1　超声功率对黄酮类化合物提取率的影响

胞破裂,有利于溶剂渗透植物组织内部,使细胞中的黄酮,成分进入乙醇中,加速相互渗透、溶解,以增加黄酮类化合物在乙醇中的溶解度。但是超声功率过高时,超声波对黄酮类化合物有一定的破坏作用,从而对黄酮类化合物提取率造成影响。而且当超声功率过高时,会增加能量的消耗和机器的损耗,增加生产的成本。综合考虑,微波功率选择在320~380 W之间。

(2) 溶剂浓度对黄酮提取率的影响

准确称取 5 份(5.000 0 g)盐地碱蓬粉末,分别取体积分数为 40%、50%、60%、70%、80%、90%乙醇各 100 mL,按照2.2.4.1的方法提取计算黄酮类化合物的含量,并计算黄酮类化合物的提取率,得到乙醇体积分数和黄酮类化合物提取率之间的关系曲线。如图2-2所示,不同的乙醇体积分数提取时黄酮类化合物提取率不同,乙醇体积分数在60%以下时黄酮类化合物提取率随乙醇体积分数的增大明显升高,乙醇体积分数在60%以上时黄酮类化合物提取率随乙醇体积分数增加而减小。这可能是由于乙醇浓度过高时,一些醇溶性杂质、色素、亲脂性强的成分溶出量增加,与黄酮类化合物竞争或与乙醇结合,从而导致黄酮类化合物提取效果下降。

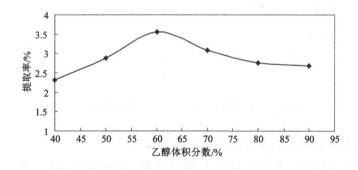

图2-2　乙醇体积分数对黄酮类化合物提取率的影响

(3) 提取温度对黄酮类化合物提取率的影响

图2-3为提取温度对黄酮类化合物提取率的影响。由图2-3可以看出,随着提取温

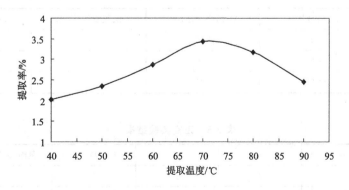

图2-3　提取温度对黄酮类化合物提取率的影响

度的升高,盐地碱蓬黄酮类化合物提取率逐渐增加,但是 50 ℃以后,黄酮类化合物提取率反而略有下降,可能是适当地提高提取温度,有利于增加黄酮类化合物的溶解度,但是提取温度过高,一些热敏性组分被破坏或溶剂挥发导致乙醇浓度降低而使黄酮类化合物提取率下降[6]。

(4)料液比对黄酮类化合物提取率的影响

料液比对黄酮类化合物提取率的影响结果如图 2-4 所示。由图 2-4 可以看出,黄酮类化合物提取率随提取溶剂所占比例增大而提高,特别是料液比在 1∶10 至 1∶15 范围内时,溶剂比例增加对黄酮类化合物提取率的影响更显著。在使用溶剂提取的方法中,较高比例的溶剂体积对于固体基质的提取更有效,但考虑到实际生产中后续加工需要将溶剂蒸发掉,需要耗费大量能源,因此一般不能仅依据产品提取率选择料液比。

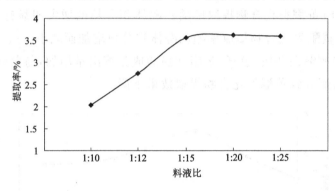

图 2-4　料液比对黄酮类化合物提取率的影响

2.3.1.3　盐地碱蓬黄酮类化合物提取工艺优化结果

在单因素实验基础上,根据正交实验设计原理,以料液比、超声功率、乙醇浓度、提取温度四个因素进行正交实验,对黄酮类化合物提取工艺进行优化。选取实验因素水平和实验结果分别如表 2-4 和表 2-5 所示。

表 2-4　正交实验因素和水平

因素水平	A:料液比	B:超声功率/W	C:提取温度/℃	D:乙醇浓度/%
1	1∶15	320	65	55
2	1∶20	350	70	60
3	1∶25	380	75	65

表 2-5　正交实验结果

实验编号	A	B	C	D	黄酮类化合物提取率/%
1	1	1	1	1	3.68
2	1	2	2	2	3.75
3	1	3	3	3	3.59

表 2-5(续)

实验编号	A	B	C	D	黄酮类化合物提取率/%
4	2	1	2	3	4.02
5	2	2	3	1	3.79
6	2	3	1	2	3.63
7	3	1	3	2	3.72
8	3	2	1	3	3.86
9	3	3	2	1	4.11
K_1	10.839	11.421	11.169	11.580	
K_2	11.439	11.400	11.880	11.100	
K_3	11.691	11.331	11.100	11.469	
k_1	3.613	3.807	3.723	3.860	
k_2	3.813	3.800	3.960	3.700	
k_3	3.897	3.777	3.700	3.823	
R	0.224	0.030	0.260	0.160	

由表 2-5 直观分析可得,四个因素对盐地碱蓬黄酮类化合物提取率影响的显著性依次为提取温度＞料液比＞乙醇浓度＞超声功率。极差分析的结果表明,超声波提取盐地碱蓬黄酮类化合物的最佳提取工艺为 $A_3B_1C_2D_1$,即料液比为 1∶25,超声功率为 320 W,提取温度为 70 ℃,乙醇浓度为 55%。

将正交实验结果进行方差分析,由于超声功率极差值最小,所以在方差分析时,将其作为空白,主要对料液比、提取温度、乙醇浓度进行了方差分析,结果见表 2-6。方差分析结果表明,实验各因素对提取结果没有显著影响。

表 2-6　正交实验的方差分析

因　素	偏差平方和	自由度	$F_{比}$	$F_{0.05}$	$F_{0.01}$
料液比	0.076	2	1.81	19	99
提取温度	0.001	2	0.024	19	99
乙醇浓度	0.124	2	2.952	19	99
误差	0.04	2			

2.3.1.4　验证实验

在最佳条件下对盐地碱蓬中的黄酮类化合物进行超声辅助提取,重复 3 次取平均值,测得的黄酮类化合物提取率为 4.25%,高于正交实验的结果,说明最佳提取工艺条件是可行的。

2.3.2　大孔吸附树脂纯化盐地碱蓬黄酮类化合物的研究

大孔吸附树脂由于其自身具有多孔结构,可依据孔隙大小对化学成分进行机械筛分；同时大孔吸附树脂又带有极性基团，可通过范德瓦耳斯力形成氢键，对极性相近的化学成分进行选择性吸附。

因此，大孔吸附树脂的吸附分离原理是机械筛分和化学吸附的综合。特定类型的广谱性吸附树脂，对黄酮类物质的吸附性能优异，吸附量大，收率高。

2.3.2.1 大孔吸附树脂对盐地碱蓬黄酮类化合物的静态吸附实验

通过测定静态时大孔吸附树脂对碱蓬黄酮类化合物的吸附量和解吸率，从而选择合适的树脂分离纯化盐地碱蓬黄酮类化合物。本书选用了6种不同大孔吸附树脂进行测定。实验结果如表2-7所示。

表2-7　不同树脂对盐地碱蓬黄酮类化合物的平衡吸附性质

树脂型号	平均吸附量/(mg/g 湿树脂)	解析率/%
NKA-9	6.83±0.26	48.33±1.45
NKA-11	8.19±0.17	52.18±0.55
AB-8	28.26±0.38	83.21±2.60
D-101	22.19±0.47	80.70±2.36
D4020	10.33±0.10	78.65±0.89
X-5	11.79±0.23	74.61±2.13

由表2-7可以看出，AB-8、D-101两树脂对碱蓬黄酮类化合物的吸附量较大，而且能够较容易地解吸下来，因此选择这两种树脂进一步研究。

（1）大孔吸附树脂的静态吸附动力学曲线

树脂对碱蓬黄酮类化合物的吸附特性除表现在吸附量及选择性外，其吸附速率也是重要的影响因素，根据2.2.4.2的方法测定30℃时树脂对盐地碱蓬黄酮类化合物的静态吸附动力学曲线，如图2-5所示。

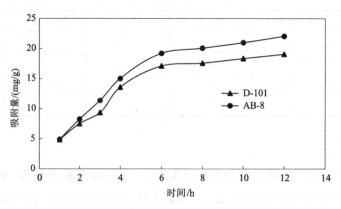

图2-5　不同树脂对盐地碱蓬黄酮类化合物静态吸附动力学曲线

由吸附动力学曲线可以看出，AB-8和D-101起始吸附量相近，此后吸附量增加较快,在8～10 h内基本达到平衡。而AB-8对碱蓬黄酮类化合物的吸附量和吸附速率都高于D-101,所以最终选定AB-8为纯化用大孔吸附树脂。

(2)温度对吸附性能的影响

不同温度对盐地碱蓬黄酮类化合物吸附量的影响见表2-8,结果表明,温度对吸附性能的影响较小,故在室温下进行吸附即可。

表2-8　温度对AB-8树脂吸附性能的影响

温度/℃	吸附量/(mg/g)
20	11.29±0.05
30	11.55±0.02
40	11.36±0.03
50	11.33±0.04

(3)不同浓度乙醇对解吸效果的影响

常用的解吸剂,以最能溶解吸附质为原则,但要求沸点低,易于回收,且同时要考虑环境保护等问题。综合考虑以上因素,选用极性有机溶剂乙醇为解吸剂。解吸剂选好之后,还要注意解吸剂的浓度和用量问题。根据2.2.4.2方法确定最佳乙醇浓度,结果见表2-9。

由表2-9中数据可以看出,解吸率(%)随着乙醇浓度的增大而增加,当乙醇浓度为70%时,盐地碱蓬黄酮类化合物的解吸率达到80.38%,此后,解吸率随乙醇浓度增大而增加的幅度不大,且90%的乙醇挥发性较大,所以,本实验选用70%乙醇作为解吸剂。

表2-9　不同乙醇浓度对盐地碱蓬黄酮类化合物的解吸效果

乙醇浓度/%	解吸率/%
30	65.27±0.42
50	72.55±0.29
70	80.39±0.33
80	81.35±0.98
90	83.05±0.59

2.3.2.2　动态吸附实验

(1)上样液浓度对吸附量的影响

若盐地碱蓬黄酮类化合物溶液浓度较低,则树脂出现泄漏时仍有部分树脂未达到饱和,树脂的使用效率降低;但浓度过高,又容易发生絮凝和沉淀,堵塞树脂。由表2-10可以看出,所用填充柱规格为$\phi 1.6$ cm×40 cm,浓度在1.924 mg/mL时,树脂对盐地碱蓬黄酮类化合物的吸附量最大。故上样液浓度控制在1.8～2.0 mg/mL范围内。

表 2-10　不同上样液浓度对吸附量的影响

上样液浓度/(mg/mL)	吸附量/(mg/g)
0.512 9	11.65±0.03
0.953 4	11.85±0.05
1.241 1	12.11±0.02
1.547 2	12.43±0.06
1.923 5	12.60±0.04
2.265 1	12.49±0.02

（2）吸附流速对吸附量的影响

吸附流速对吸附效果的影响，主要表现在影响溶质向树脂表面的扩散。流速不同，树脂到达泄漏点时的吸附量也不同，如果流速太高，溶质分子来不及扩散到树脂表面，就会提早泄露。调节流速分别为 0.5 BV/h、1 BV/h、1.5 BV/h、2 BV/h（BV 即柱体积），结果见表 2-11。由表 2-11 可知，在 0.5~2 BV/h 内，随着流速的增加，每克树脂对盐地碱蓬黄酮类化合物的吸附量下降，但流速 1 BV/h 较 1.5 BV/h、2 BV/h 下降缓慢，考虑到工作效率，所以选择 1 BV/h 流速较为合适。

表 2-11　不同吸附流速对吸附量的影响

吸附速度/(BV/h)	吸附量/(mg/g)
0.5	12.65±0.08
1.0	12.57±0.04
1.5	12.30±0.02
2.0	11.95±0.05

（3）pH 值对吸附量的影响

一般情况下，酸性化合物在酸性溶液中能被较好地吸附，碱性化合物在碱性条件下能被较好地吸附。黄酮类物质具有一定的酸性，所以要达到较好的吸附效果，则必须在酸性条件下进行。由表 2-12 可见，当 pH 值为 4.5 时 AB-8 树脂对盐地碱蓬黄酮类化合物的吸附量最高。而当 pH 值过低（pH<4）时，部分黄酮类物质生成锌盐而不被吸收。所以，将原液（pH=6.38）用 1 mol/L 的稀盐酸调至 pH=4.5 再上柱吸附。

表 2-12　pH 值对吸附量的影响

pH 值	吸附量/(mg/g)
3.0	11.98±0.03
4.0	12.45±0.05
4.5	12.99±0.02

表 2-12(续)

pH 值	吸附量/(mg/g)
5.0	12.63±0.06
6.0	11.10±0.04
7.0	9.19±0.02

（4）不同解吸流速对洗脱效果的影响

大孔吸附树脂主要通过表面的范德瓦耳斯力进行物理吸附，用极性有机溶剂做解吸剂，被吸附的盐地碱蓬黄酮类化合物很容易被洗脱下来。解吸流速一般要求很慢，这是因为流速过快，洗脱性能差，拖尾严重，且洗脱不完全；但是流速过慢，会延长洗脱周期。常用的解吸流速是吸附速率的 1/3～1/2。根据前述方法测定室温时盐地碱蓬黄酮类化合物的解吸曲线，结果如图 2-6 所示。由图 2-6 可以看出，不同流速对解吸效果有一定的影响，以 0.3 BV/h 的流速进行洗脱得到的峰形集中，以 0.5 BV/h 的流速洗脱得到的峰形则略有拖尾现象，故本书采用 0.3 BV/h 的解吸流速，即为吸附速率的 1/3，实验结果较为理想。采用以上工艺纯化后的提取物，盐地碱蓬黄酮类化合物的含量可以达 72.9%。

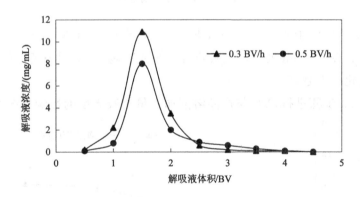

图 2-6　盐地碱蓬黄酮类化合物解吸曲线

2.3.3　盐地碱蓬中黄酮类化合物的抗氧化活性研究

黄酮类化合物清除自由基的机理：各环上的羟基与自由基反应，终止之后由自由基引发链式反应，自身转化为酚氧自由基，由于共轭体系作用，最终成为半醌自由基，如图 2-7 所示。其抗氧化效果与羟基的位置、数目有关，有研究表明，黄酮类化合物 B 环上的 3',4'-邻二羟基的结构对清除自由基起到主要的作用，可能是由于一个羟基被氧化后容易和邻位羟基形成氢键，使结构更稳定，能更迅速地中断链式反应。另有研究认为，黄酮类化合物清除自由基的能力不仅与提供质子的能力有关，还与反应后自身的稳定性有关，C 环羰基吸电子而形成的共振状态有助于自身的稳定，其影响可能大于羟基的作用。通过测定还原性、清除·OH 和 O_2^-· 的能力，可以评估产品抗氧化活性。

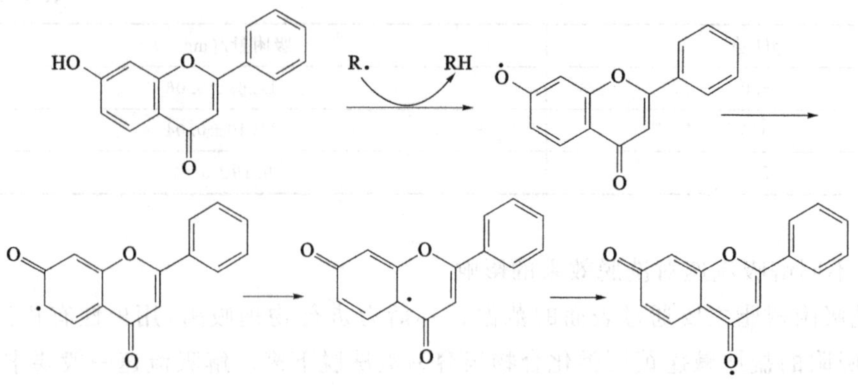

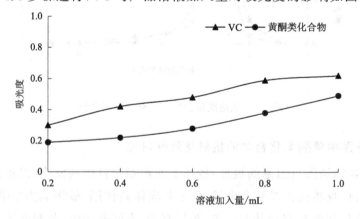

图 2-7　清除自由基过程

2.3.3.1　还原性实验结果

抗氧化剂的还原性能一定程度上反映抗氧化能力。采用普鲁士蓝法,反应过程如图 2-8 所示。

$$K_3Fe(CN)_6 \xrightarrow{\quad e^- \quad} K_4Fe(CN)_6 \xrightarrow{\quad FeCl_3 \quad} Fe_4[Fe(CN)_6]_2$$

图 2-8　普鲁士蓝生成过程

抗氧化剂能给出电子使 Fe^{3+} 还原成 Fe^{2+},生成的 $K_4Fe(CN)_6$ 与 $FeCl_3$ 进一步反应形成普鲁士蓝,其在 700 nm 处有最大吸收峰。吸光度越大,证明被还原的 Fe^{3+} 越多,还原性越强,抗氧化活性越高。

按照 2.2.4.3 步骤进行,VC 与产品溶液加入量对吸光度的影响如图 2-9 所示。

图 2-9　VC 与黄酮类化合物加入量对吸光度的影响

吸光度随 VC 与提取物中黄酮类化合物含量的增高而增强,即 VC 与黄酮类化合物的还原能力随含量的增高而增强,VC 总体还原能力随含量增加而增强,增强幅度随后趋于平缓。在 0.2～1.0 mL 范围内,黄酮类化合物总体还原性虽略低于 VC,但溶液体积为 0.4 mL 后，即加入黄酮类化合物质量大于 0.08 mg 后，黄酮类化合物随含量增多还原 Fe^{3+} 能力的增强速度快于 VC，1.0 mL 产品相当于 0.6 mL VC 的还原能力，即 0.2 mg 黄酮类化合物的还原能力接近 0.12 mg 的 VC，证明黄酮类化合物有一定的还原性能。

2.3.3.2 ·OH 清除实验结果

采用 Fenton 试剂模拟·OH 的产生，抗氧化剂清除·OH 的实验原理如图 2-10 所示。

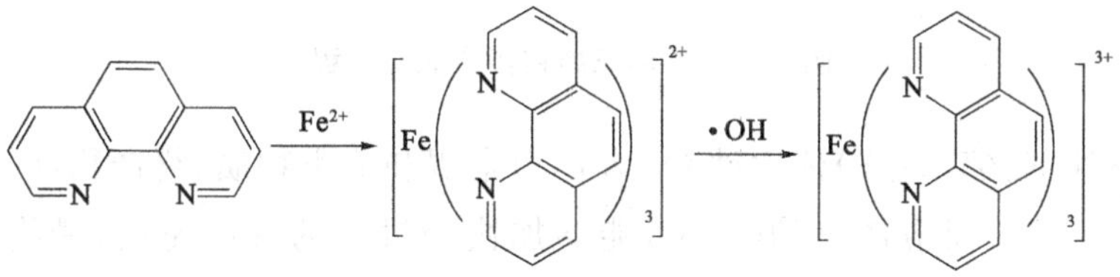

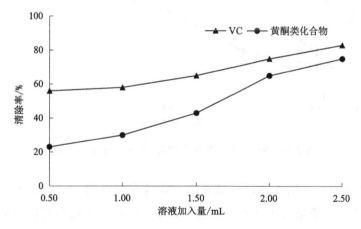

图 2-10 络合物生成过程

邻菲罗啉可与 Fe^{2+} 络合成橙红色的络合物，在 536 nm 处有最大吸收峰，由 Fenton 试剂产生的·OH 会将 Fe^{2+} 氧化为 Fe^{3+}，使该络合物含量下降，吸收峰减弱。抗氧化剂可以抑制·OH 含量的增加，保持吸收峰强度。

按照 2.2.4.3 步骤进行，VC 与黄酮类化合物溶液加入量对·OH 清除率的影响如图 2-11 所示。

图 2-11 VC 与黄酮类化合物加入量对·OH 清除率的影响

·OH 清除率随 VC 和黄酮类化合物含量的升高而升高，加入 1.0 mL VC，即 0.2～0.5 mg VC，其对·OH 的清除率呈线性增长，而黄酮类化合物含量的增加对·OH 清除率的影响更加显著，在 0.5～2.5 mL 范围内黄酮类化合物清除·OH 的能力虽低于 VC，但随含量增加清除效果逼近 VC。2.5 mL 黄酮类化合物的效果已相当于 2.0 mL VC，即 0.05 mg 的黄酮类化合物接近 0.04 mg VC 的清除效果，且有超越的趋势，证明黄酮类化合物可给出质子与·OH 结合，有效抑制了溶液中·OH 含量的增加，证明具有良好的·OH清除能力。

2.3.3.3 O_2^-·清除实验结果

采用邻苯三酚自氧化的特性模拟O_2^-·的产生,全过程十分复杂,根据文献条件,前4 min的反应过程如图2-12所示。

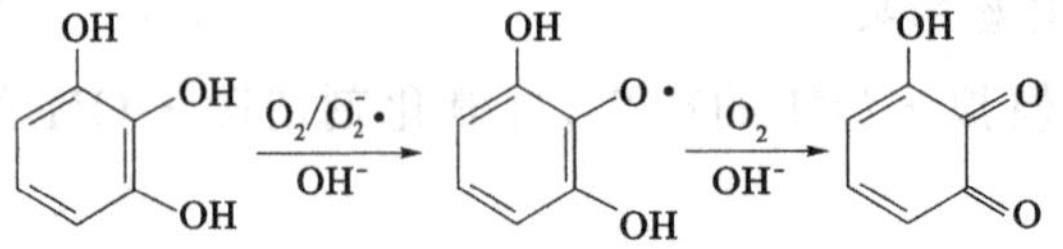

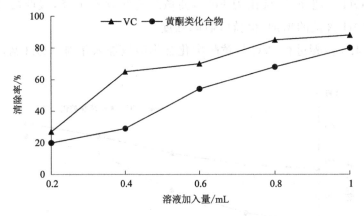

图 2-12 邻苯三酚初步自氧化过程

弱碱性条件下,邻苯三酚依次被O_2氧化为半醌和醌类物质,终产物在319 nm处有最大吸收峰。第一步反应产生的O_2^-·,能够加快全过程的反应速度,最终导致吸收峰加强。抗氧化剂能清除O_2^-·,减缓醌类物质的形成,削弱同一时间范围内的吸收峰强度。

按照2.2.4.3步骤进行,VC与黄酮类化合物溶液加入量对O_2^-·清除率的影响如图2-13所示。

图 2-13 VC 与黄酮类化合物对 O_2^-·清除率的影响

黄酮类化合物O_2^-·清除率同样随黄酮类化合物含量的上升而增强。加入0.4 mL VC以后,即加入VC质量大于0.08 mg之后,VC的O_2^-·清除率有趋于平缓的态势,而黄酮类化合物在0.2~1.0 mL范围内,总体O_2^-·清除率虽略低于VC,但基本保持线性增长。1.0 mL黄酮类化合物相当于0.8 mL VC,即0.20 mg黄酮类化合物接近0.16 mg VC的O_2^-·清除效果,证明黄酮类化合物能提供质子与O_2^-·结合,能有效地清除O_2^-·,证明黄酮类化合物有良好的O_2^-·清除能力。此外,相同质量黄酮类化合物对O_2^-·的清除率似乎远大于对·OH的清除率,1.0 mL黄酮类化合物对O_2^-·的清除率达到81.52%,而此时对·OH的清除率仅为30.51%。当黄酮类化合物加入量大于2.5 mL时,其对·OH的清除率才可能达到80%以上,可能是由于O_2^-·在水相中的寿命远大于·OH，一般 O_2^-·的寿命约为 1 s，而·OH 的寿命约为 10^{-9} s，也可能是测定方法不同而造成的差异。

2.4　本章小结

（1）本章主要采用超声辅助提取法，以盐地碱蓬黄酮类化合物提取率为考察指标，在单因素实验的基础上，采用正交实验法确定了超声辅助提取盐地碱蓬黄酮类化合物的最佳工艺提取条件，超声波提取盐地碱蓬黄酮类化合物的最佳提取工艺为料液比1：25，超声功率 320 W，提取温度 70 ℃，乙醇浓度 55%。在此条件下，测得的黄酮类化合物提取率为 4.25%。

（2）利用大孔吸附树脂对盐地碱蓬黄酮类化合物进行纯化，通过测定静态时大孔吸附树脂对盐地碱蓬黄酮类化合物的吸附量和解吸率以及静态吸附动力学曲线，确定出适合纯化盐地碱蓬黄酮类化合物的树脂为 AB-8。

（3）经动态吸附实验确定填充柱规格为 ϕ1.6 cm×40 cm 时，AB-8 树脂纯化盐地碱蓬黄酮类化合物的最佳条件：供试液盐地碱蓬黄酮类化合物浓度为 1.924 mg/mL，pH 值为 4.5，吸附流速为 1 BV/h，采用 70%乙醇做洗脱剂，洗脱流速为 0.3 BV/h，操作温度为室温时，纯化后的提取物中盐地碱蓬黄酮类化合物含量为 72.9%。

（4）通过比较 VC 与纯化黄酮类化合物的还原性，清除·OH 和 O_2^-·的能力，分析黄酮类化合物的抗氧化活性。根据还原性来评估黄酮类化合物总体抗氧化性能，通过 Fenton 试剂、邻苯三酚自氧化来模拟·OH 和 O_2^-·的产生，评估黄酮类化合物对两种自由基的清除效果。根据实验结果比较，产品的抗氧化性在一定范围内虽低于 VC，但随含量的增加，清除效果更加显著，且有超越 VC 的趋势。比较黄酮类化合物对不同自由基的清除率，发现对·OH 的清除率小于对 O_2^-·的清除率。这可能是因为 O_2^-·在水相中的寿命约为 1 s，而·OH 的寿命约为 10^{-9} s，黄酮类化合物与寿命较长的自由基反应更充分、更彻底，却难以及时地捕捉到寿命较短的自由基，故产品对 O_2^-·的清除更为有效。黄酮类化合物的抗氧化活性与羟基的数目、位置有关。羟基越多供氢能力越强，抗氧化能力越强，3，7，3′，4′位的羟基活性更高。

3 盐地碱蓬红色素的提取及应用研究

>>>

3.1 研究背景

近年来,随着科技水平和生活质量的不断提高,合成色素的安全性问题也日趋呈现。被广泛使用的人工合成色素由于合成原料中含有砷、铅、铜、苯等有害物质,对人体健康的危害已成为人们广泛关注的问题。为了解决这个问题,寻求和开发更多的天然色素来代替人工合成色素,已经成为新的发展趋势。

3.1.1 天然色素的研究概况

食用色素分人工合成色素和天然色素两大类。前者主要成分是偶氮化合物,多由煤焦油燃料经磺化、硝化等一系列有机反应化合而成;后者来源于天然植物、动物组织或微生物。从 1856 年世界上第一个人工合成色素被发明至今,其着色力强、性质稳定、价格低廉等优点使得合成色素很快取代天然色素的地位,普遍应用于食品、日化等行业。进入 20 世纪后,毒理学和分析化学发展迅速,合成色素的危害不断被证实[180],不仅其本身无营养价值,且大多数因其化学性质或在代谢过程中产生有害物质,对身体有伤害,主要包括一般毒性、致泻性、致畸和致癌性。世界各国开始重新对合成色素的安全性进行研究,并严格限制其使用。在这种形势下,人们意识到天然色素的重要性,很快掀起了研发天然色素的高潮。

天然色素是指人们通过一定的技术手段从自然界的动植物细胞组织中提取得到的色素,与合成色素相比,它们体现出无毒、色彩自然等特点,并且多数的天然色素还具有一定的保健、营养及药理作用。所以,近年来广大科技工作者对天然色素的资源开发和利用进行了大量的研究工作。

天然食用色素有很多种。按其主要原料资源可分为以下几种:植物天然色素资源、动物天然色素资源和微生物天然色素资源等。目前,国内研究和应用最多的是植物天然色素资源,已报道的被研究和开发的色素资源植物如红甜菜(紫菜头)、紫甘蓝、沙棘、红辣椒、红苋菜、红心萝卜、胡萝卜、菠菜、紫苏、山楂、酸枣、桑椹、醋栗、火棘、黑豆、黑米、芝麻、紫草、红花、黄菊花、越橘、栀子、玫瑰茄、落葵、一串红、蓝靛果、仙桃(仙人掌果)、红蓝、鸡冠花、红木、乌饭树、云南石梓、五指山兰、螺旋藻、多穗柯、箬竹、樟树等,其中绝大多数是属林产植物。还有以农副产品为原料的色素资源,如:高粱壳、花生内皮、生产玉米淀粉的黄浆、葡萄酒皮渣等。

3.1.2　天然色素的应用

天然色素因其天然环保,具有抗虫、杀菌等保健性功能,逐渐成为当今国内外学者炙手可热的研究对象。天然色素应用非常广泛,不仅用于纺织品的染色、印花及功能整理中,还在食品、化妆品、太阳能电池敏化剂、医疗保健等领域有着广泛的应用。

3.1.2.1　纺织品中的应用

近年来,国内外研究者在天然色素染色、印花方面做了大量的研究。张冒飞等[181]用啤酒酵母菌发酵,从其中提取出青柿单宁天然色素,并对真丝织物进行染色,得到了优化的染色工艺:醋酸 1 g/L,浴比 1∶40,70 ℃染色 40 min,硫酸亚铁作为后媒染剂,媒染温度 40 ℃,媒染剂用量 2 g/L。实验表明,在最佳染色条件下,真丝织物的染色深度(K/S)为 2.85,皂洗牢度和摩擦牢度均可达 4 级以上,媒染后真丝织物还具有较好的抗紫外线性能,紫外线防护系数(UPF)为 81.3[182]。李亚琼等[183]挑选了石榴皮等 8 种天然色素原料,并对经后媒法染色后的真丝和纯棉织物进行了日晒牢度实验,从日晒曲线看出,大多数天然色素日晒初期褪色速率快,日晒后期褪色速率又再次变快,呈典型"S"形趋势,同一种天然色素在不同织物上的耐日晒色牢度不同,大多数天然色素对真丝织物的日晒牢度优于棉织物。一般而言,随着色素浓度的增大,其日晒牢度也相应提高。Wizi 等[184]研究了水/乙醇/盐酸不同溶剂与振荡浸提法/超声辅助提取法对提取效果的影响,并考察了高粱壳色素对羊毛和棉织物的染色性能。结果显示,采用超声微波辅助提取法的色素得率可达 16.7%,是常规振荡浸提法的 3.6 倍,且染色的表观色深也比传统的水浸提法高,棉和羊毛染色后的耐水洗牢度和摩擦色牢度都很好,均可达 4～5 级,日晒牢度 3 级。杨颖等[185]探究了栀子黄对瓜尔豆胶原糊稳定性的影响和不同媒染剂与工艺对真丝织物印花的得色、色牢度影响。实验表明,加入栀子黄可抑制原糊黏度下降的程度,采用 Cu^{2+} 预媒印花工艺织物的得色量和色牢度优于其他媒染印花工艺。Rehman 等[186]采用超声辅助乙醇从石榴皮中提取天然染料,考察了重铬酸钾、明矾、硫酸铜、绿矾和氯化锡 5 种媒染剂对 Lyocell 纤维的染色性能的影响。实验结果表明,媒染后的织物颜色更深,日晒牢度达 5～6 级,水洗、摩擦、汗渍色牢度均可达 4～5 级,且织物具有良好的抗菌性能。Adeel等[187]采用微波辅助提取法从骆驼蓬种子中提取天然色素,考察了不同化学媒染剂和生物媒染剂对棉织物染色性能的影响。结果表明,8 g骆驼蓬种子粉末在酸化的甲醇溶液中经微波辐射4 min,得到的色素量最多。色素染未经辐射的棉织物的最佳工艺为:在含有7 g/L Na_2SO_4,pH值为9,温度为85 ℃的染浴中,染色45 min。在化学媒染剂中,选用1%明矾为前媒染剂和7%硫酸亚铁为后媒染剂时,织物的得色最深;在生物媒染剂中,以10%刺槐提取液为前媒染剂和7%刺槐提取液为后媒染剂时,织物的 K/S 值较高。与化学媒染剂相比,生物媒染剂更能提高织物的染色牢度,水洗牢度,日晒牢度和干摩擦、湿摩擦牢度大多在4~5级。Avinc等[188]从土耳其红松木中提取色素,并用于不同纤维的染色,考察了明矾与橡木灰提取液两种媒染剂对纤维的染色性能,结果表明,不同的媒染剂与纤维结合呈现出不同的颜色,经明矾媒染后的丝织物表观色深最高,水洗牢度可达5级,且经明矾媒染后的织物染色性能优于橡木灰提取液媒染后的织物。

植物色素染色的织物已经在高档真丝制品、家纺、婴幼儿服装、装饰用品等领域广泛应用。江苏三毛集团研发了用植物色素制成的高支天素丽环保型高档面料。日本的"京友禅""西阵织""大岛绸"等草木染系列纺织品被用于衬衫、睡衣或床单被罩等家用纺织品。宁波广源纺织品有限公司以栀子、茜草等天然植物色素、优质的长绒棉为原料,创立了具有身、心皆还原本真的双重内涵的童装品牌——"ognic"原真。现代的设计师们已将蓝印花布的一些纹样元素融合在项饰、头饰、包、灯饰、窗帘等装饰品中。在我国一些少数民族地区,扎染、蜡染等传统染色显花的工艺品深受消费者的喜爱,如云南省大理白族自治州巍山彝族回族自治县的扎染产品已远销韩国、东南亚和欧美等20多个国家。

3.1.2.2 食品业中的应用

植物源天然食用色素安全性高、色调柔和,并具有抗癌、抗衰老等保健功能,因此被作为一类重要的食品添加剂而广泛应用于食品加工生产和研究中。天然食用色素有花青素类、类胡萝卜素、胭脂虫红等。叶绿素可应用于汤圆、蛋糕等烘焙食品和苹果汁、猕猴桃汁等饮料。红色素有番茄红素、辣椒红素等,广泛应用于汽水、糕点、果冻、香肠等食品中。从乌饭树叶和黑米、黑豆中提取的黑色素则可用在黑色烘烤食品和酒类等饮料中。

3.1.2.3 化妆品中的应用

据研究表明,植物提取物中含有黄酮类、多酚类、花青素类、有机酸、氨基酸等多种物质,具有防晒、美白护肤、抗氧化、衰老等功能。芦荟中的多糖和维生素对皮肤有良好的滋润、增白作用,其中,库拉索芦荟是目前应用于化妆品最广泛的一种。银杏提取物中成分多达160多种,在洁面霜中加入银杏叶提取物,不仅能清除毛孔污物,滋润肌肤,还能达到防治色素斑块的作用。茶叶中的茶多酚能够抵抗紫外线和消除紫外线诱导的自由基,进而达到减少黑色素的目的。海藻提取物中内含藻胶酸、酶和多种维生素,此外,提取物中还含有大量的阴离子,这些离子可刺激纤维细胞产生胶原蛋白和弹性蛋白,从而促进皮肤新陈代谢,达到抗皱、抗衰老等功效,因此被广泛应用在脸部护理和身体护理等方面。

3.1.2.4　染料敏化太阳能电池(DSSCs)中的应用

植物的光合作用与DSSCs的工作原理类似,并与植物色素中的叶绿素的功能不谋而合,这激发了研究者们的兴趣。花青素类中的花色苷分子羟基酮可与Ti(Ⅳ)中的—OH结合,具有较高的稳定性,是目前研究最多的一类天然色素。Roy等[189]从玫瑰茄中提取的色素敏化DSSCs,光电转换效率可达2.09%,具有很深的研究价值。叶绿素及其衍生物也是DSSCs的重要来源。王刚等[190]利用杨树叶子中的叶绿素与栀子黄对电池进行共敏化,光电转换效率显著提高,是叶绿素单独作用的2.91倍。

3.1.2.5　医疗保健中的应用

研究表明,天然植物色素中的黄酮、花青素、醌类等化合物具有抗氧化、清除氧自由基和抗肿瘤等作用,因此被广泛用于疾病预防和养生保健等方面。黑米色素中的花青苷类化合物具有很强的抗氧化活性和清除自由基能力,可以达到延缓人体疲劳以及促使疲劳恢复的功效。辣椒红色素中的β-胡萝卜素可以防止人体中的低密度脂蛋白的形成,这种蛋白可以破坏血管壁的细胞结构,导致血栓。从紫草中提取出的紫草素类化合物可以抑制拓扑异构酶、蛋白酪氨酸激酶及肿瘤血管的再生,导致肿瘤细胞凋亡、坏死,具有良好的抗肿瘤、抗炎、抗病毒、降血糖等作用。

3.1.3　常用的天然色素提取方法

天然色素的化学结构不同,提取方法也有所不同。天然色素最常用的提取方法为溶剂提取法。近年来,一些高科技技术及生物技术也应用到这一领域,如超临界流体萃取、超声波提取、微波萃取、酶法提取等。

3.1.3.1　溶剂提取法

溶剂提取法包括浸渍法、渗漉法、煎煮法和回流提取法。以水为溶剂提取天然色素可用浸渍法和煎煮法,煎煮法适合于有效成分能溶于水,对湿、热均较稳定并且不易挥发的原料。如黄连、黄檗等植物中生物碱类色素的提取,由于其分子中含有—OH、—COOH等基团,其具有水溶性。有机溶剂提取可采用回流提取法。有机溶剂提取法萃取剂便宜,设备简单,操作步骤简单易行,但用其提取的某些产品的质量较差,纯度较低,有异味或溶剂残留,影响产品的应用范围。

3.1.3.2　碱液提取法

碱液提取法主要是利用碱对多种生物质的影响作用来进行色素的提取。其提取效率虽不如有机溶剂提取率高,但从经济角度和安全性考虑仍具应用价值。如:对黑米色素的提取,就是采取去杂脱脂后,加入pH值为9.0～9.5的硼砂-氢氧化钠碱性缓冲溶液,加热搅拌提取三次,得到灰蓝色碱提液,经酸沉操作后,再分离干燥即可得到所需色素产品。

3.1.3.3 超声波提取法

超声波,即频率高于 20 kHz 人耳听不见的声波。其在介质中主要有两种形式的机械振荡:横向振荡与纵向振荡。由于超声波波长短、频率高导致其传播过程中有很多特性,如定向性好、能量大、穿透力强等,这使其在固体和液体中应用较广。超声波作用于液体时,由于液体振动会产生数以万计的微气泡,即空化泡。这些气泡在超声波纵向形成的负压区生长,在正压区迅速闭合,从而在正负压强下受到压缩和拉伸。气泡被压缩直至崩溃的一瞬间会产生高达 3 000 MPa 的瞬时压力,即"空化作用",使得植物细胞破裂。把超声波的这一特性应用于天然色素的提取,具有操作简便快速、无须加热、提取率高、效果好并且结构不被破坏的优势。此外,超声波的机械振动、乳化扩散、击碎等效应有利于植物中成分的转移、扩散及提取。

3.1.3.4 超临界 CO_2 流体萃取法

目前在超临界流体萃取(SFE)技术中使用最普遍的溶剂是 CO_2 超临界流体。CO_2 为无毒、不燃和具化学惰性的物质,具有价格便宜、纯度高、对环境无污染的优点,其最低临界温度为 31.06 ℃,对应临界压力为 7.39 MPa,是文献上所报道过的最接近室温的超临界溶剂临界点。超临界 CO_2 流体萃取与传统工艺相比,操作温度低、工艺简单、效率高且无污染,避免了色素在高温下的热裂化,保护了色素的天然活性,保持了天然色素的色泽、香气纯正。

宿树兰等[191]采用正交实验优化超临界流体萃取姜黄药材中姜黄素的最佳工艺条件为:萃取压力 25 MPa,萃取温度 55 ℃,采用无水乙醇作为夹带剂,静态萃取 4 h,动态萃取 5 h,CO_2 流量 3.5 L/min,结果得到姜黄素在萃取物中占比高达 8.91%。邵伟等[192]等通过实验,得到了超临界 CO_2 流体萃取红曲米中色素较佳的操作条件。有研究用超临界 CO_2 流体萃取法得到的番茄红素无异味、无溶剂残留,提取率达 90% 以上。超临界 CO_2 流体萃取与有机溶剂提取相比,萃取的紫草色素含杂质少,且含有更多色素组分,全过程仅需 2.5~3 h,产品色质好,避免了用有机溶剂萃取的溶剂残留等问题。超临界 CO_2 流体萃取技术是一种新型的绿色分离技术,但因为存在技术尚不完善、设备复杂且昂贵、运行成本高等问题,这种萃取方法在该领域的发展和应用受到了一定的限制。

3.1.3.5 微波萃取法

微波萃取是指在密闭容器中用微波加热样品及有机溶剂,将待测物质组分从样品基体中提取出来的一种方法,是由密闭容器中酸消解样品和液固萃取有机物两种技术相结合演变出来的。其能在短时间内完成多种样品组分的萃取,溶剂用量少,结果重现性好。微波萃取克服了超临界萃取和溶剂萃取方法的上述缺陷,既降低了操作费用,又符合环境保护的要求,表现出良好的发展前景和巨大的应用潜力。如:利用微波萃取柿子红色素,该色素属多酚类水溶性色素,对光、热稳定性好,对大多数食品添加剂影响不大,安全性高,是一种很有开发前景的食用色素新品种。利用微波萃取柿子红色素,时间短,提取率高。

3.1.3.6 酶法提取

酶法提取是近几年来用于天然植物有效成分提取的一项生物技术,选用合适的酶可以较温和地将植物组织分解,加速有效成分的释放,从而提高提取率。如纤维素酶可使纤维素、半纤维素等物质降解,引起细胞壁和细胞间质结构发生局部疏松、膨胀等变化,从而增大胞内有效成分向提取介质的扩散,促进色素提取效率的提高。张磊等[193]为提高紫草天然色素的提取率,利用纤维素酶和木聚糖酶的复合酶对紫草进行了色素提取,确定了提取最佳工艺条件。结果表明,利用复合酶法可以达到较高的紫草色素的提取率,而且具有高效节能的特点。

3.1.4 天然色素的染色方法

由于不同植物色素之间的性质差异较大,分子结构各不相同,因此染色方法也不相同,一般有直接染色法、还原染色法、媒染法等。

3.1.4.1 直接染色法

有些植物的色素对水的溶解性好,染液能直接吸附到纤维上,如姜黄、栀子、冻绿等可以采用直接染色法。

3.1.4.2 还原染色法

植物中已存在的天然色素化合物,而在染色过程中最终生成水不溶解的色素,如蓝草、茜草,即将原材料在染色前进行还原,浸染织物采用空气氧化使其显色,重新形成不溶于水的还原色素,固着在织物上,如靛蓝的染色是先将不溶于水的靛蓝在碱性溶液中还原成可溶性的隐色体靛白,使之上染纤维,然后将织物透风氧化,再复变为不溶性的靛蓝而固着在织物上。

3.1.4.3 媒染法

部分天然植物色素对水的溶解度较好,染液中的色素能直接吸附到纤维上,但是色牢度较差,一般通过媒染的方法提高色牢度。根据采用媒染的先后顺序有以下三种方法。

(1)先染色后媒染

天然色素对水基本不溶,但其配糖体能溶于水,并与纤维吸附,故采用后媒使之固着,如栀子黄、槐花。

(2)先媒染后染色

植物天然色素对水的溶解度小,但是色素具有络合配位键基团,借助先媒染,使纤维上吸附的金属离子络合而固着,如紫草、西洋茜。

(3)同浴媒染

染色工艺流程:制备染液(含有媒染剂)—染色—水洗、干燥—皂洗、水洗、干燥。

3.1.4.4 其他染色方法

利用植物中天然色素对酸碱性溶解度的不同,使之在纤维上固着染色,如红花、郁金等。

3.1.5 抗菌整理

3.1.5.1 纺织品抗菌整理的必要性

随着人们生活水平的不断提高和科学技术的进步发展,人们对自身的卫生保健意识日益增强,特别是具有耐久性的抗菌纺织品越来越引起人们的重视。因此,开发和研究抗菌纺织品将成为一个热点。

抗菌纺织品起源于第二次世界大战,当时德国军队为了控制伤员的细菌感染就采用了季铵盐阳离子抗菌整理剂整理战地用纺织品。到了20世纪50年代至60年代,美国的抗菌纺织品已经实现了工业化生产,在70年代中期日本推出了抗菌防臭袜子,将抗菌纺织品推入了开发的高潮。80年代出现的化纤抗菌纤维,以其良好的抗菌耐久性备受人们的青睐。我国抗菌纺织品的研究发展迅速,虽然只有近20年的历史,但开发的抗菌纺织品种类已经从内衣、内裤等贴身用品,发展到西服外套、过滤织物、医院宾馆用品、妇女卫生用品等多个领域。

目前在倡导环境保护的今天,绿色纺织品的生产必将成为发展趋势,成为市场主流产品。天然抗菌剂是天然物质中具有的抗菌成分。所以,天然抗菌剂最大的优点是毒性小、环保性好、来源广泛,因而采用天然抗菌剂整理纺织品,必将成为一种抗菌纺织品整理的趋势。我国地域广阔,动植物和矿物资源非常充足,并且中草药应用方面有着悠久的历史,这也为天然抗菌剂在我国的开发利用提供了充足的便利条件。

3.1.5.2 抗菌效果测试方法

衡量抗菌防臭整理的抑菌、杀菌的效果,即抗菌防臭纺织品的检测方法,目前国内尚无统一标准,一般参考日本和美国的一些方法。

(1) AATCC-90 实验法

在琼脂培养基上,接种实验菌种,再紧贴上试样。另取一块未整理织物,贴在同一培养基上作对照。于37 ℃下培养24 h后,借放大镜观察菌类繁殖情况和试样周围无菌区的晕圈大小,同时与对照的试验情况比较。故该法也称晕圈实验法。

(2) AATCC-100

目前,在美国的三种抗菌定量实验法中,AATCC-100为唯一的标准实验法。其方法是:在灭菌织物上,接种革兰氏阴性菌和阳性菌,以琼脂培养基培养,培养后与未整理织物相比较,得出细菌减少数。此法适用于容易从被加工纤维上溶出的抗菌剂,而不适用于加工纤维以化学方式相结合的抗菌剂。

(3) 振荡烧瓶实验法

振荡烧瓶实验法是美国道康宁公司为克服 AATCC-100 法的缺点而开发的,可用来评价用 DC-5700 加工的非溶出型抗菌纤维制品抗菌性能。此法为了增强实验菌与试样的接触,把试样投到盛有大量菌液的三角烧瓶中,经一定时间强烈振荡后计测烧瓶内的细菌数,并与振荡前的细菌数比较,定量表示其抑菌率。

3.1.6　盐地碱蓬甜菜色素的研究概况

盐地碱蓬在我国主要分布于苏、浙、鲁、晋、冀、陕、内蒙古和东北等地区,资源丰富,取材容易。过去人们一直把它当作一种普通的野菜食用,从未认识到它的丰富营养价值。

土壤盐渍化是一个世界性的资源问题和生态问题。迄今为止我国还有80%左右盐渍土尚未得到开发利用。土壤盐渍化已成为限制我国农业生产的最大障碍。如何开发利用这些盐碱土地资源已引起人们的高度重视。盐地碱蓬是一种典型的真盐生植物,在沿海滩涂等盐渍地上广泛分布,是一种很有发展潜力的天然资源,具有很大的经济效益、生态效益及社会效益。

自然条件下盐地碱蓬主要有两种表型:在滨海的潮间带或部分涝洼积水地带生长的植株,在整个生长期地上部分皆为紫红色;而在地势较高或距离海边较远的盐碱地植株则呈现绿色。王长泉等[194]已经初步确定其红色素为甜菜素类的甜菜红素。甜菜素是一种水溶性含氮色素,包括甜菜红素和甜菜黄素2种类型。到目前为止,人们发现石竹目13个科的植物中除粟米草科和石竹科积累花色素外,其他各科植物都积累甜菜素,部分高等真菌中也发现产甜菜素。甜菜红素作为天然食用色素,不仅安全无毒,而且营养价值较高,对人体有诸多医疗保健作用,是广泛使用的纯天然色素之一。

3.1.7　碱蓬红色素的应用领域及前景展望

3.1.7.1　在食品着色上的应用

食品的色泽是食品的一个很重要的感观品质指标,因此在食品生产的过程中经常需要使用色素来改善食品的外观品质。碱蓬红色素色泽鲜艳,着色均匀,无异味,具有较好的着色功能,常用于果汁、果味粉、果汁露、汽水、冰激淋、糖果、糕点裱花、罐头、红绿丝、香肠等食品的着色。用粉状碱蓬红色素对熟火腿着色(与赤鲜红着色进行对比),在冷藏的条件下贮藏60 d后颜色仍然比较稳定,90 d以后红色素已有降解,黄色素增加,比赤鲜红染色的红色要淡一些。用碱蓬红色素与壳聚糖清除香肠中亚硝酸盐的研究发现,壳聚糖有良好的水分保持能力,但清除亚硝酸盐的能力比较弱。而碱蓬红色素具有很好的清除亚硝酸盐的能力,因此在生产香肠的过程中,减少壳聚糖一半的用量,用碱蓬红色素来加以补充,即可作为香肠的着色剂,又可作为亚硝酸盐的清除剂。另外,随着人们生活水平的提高,具有特殊功能的保健品具有广阔的市场,具有一定的药理作用的碱蓬红色素可以应用于该类产品的研发与生产。

3.1.7.2　在医药、化妆品方面的应用

在制药方面,一些特殊人群的药品,如儿童药品,必要的时候需要添加色素,以使药品具有较好的外观而利于儿童的服用;同时为了药品的区分,有时也需要在制药的过程中添加色素,可以用碱蓬红色素代替人工合成色素进行有色药品的生产。碱蓬红色素具有药理作用,可以用于药品的研制开发。许多化妆品的生产需要添加色素,如唇膏、洗发水、染发剂等,由于国内化妆品生产过程中添加的色素大多是合成色素,所以一些

皮肤比较敏感的人群在使用的过程中会出现过敏症状,对于他们来说天然色素无疑是一个好的选择;而碱蓬红色素是天然色素,无毒无害,而且还具有抗氧化、抗癌等医疗和保健功能,因此用于有色化妆品、抗衰老化妆品的生产,具有较大的开发潜力。

3.1.7.3　在其他方面的应用

除了作食品添加剂、食品着色剂外,碱蓬红色素可以用于羊毛染色,羊毛染色宜在低温和较强的酸性条件下进行。染色后,羊毛手感柔软、光泽好,颜色有很高的耐摩擦性,而且碱蓬红色素色泽鲜艳,无毒无害,不会污染环境。因此碱蓬红色素作为一种天然色素有广阔的应用前景。

3.1.8　本章研究工作

对碱蓬红色素成分的初步鉴定已见报道,但对碱蓬红色素的提取工艺及稳定性的研究报道甚少。以滨海盐地碱蓬为原料,对碱蓬红色素的提取工艺及稳定性进行研究,并进一步研究盐地碱蓬红色素上染改性棉织物的抗菌性能,以期为碱蓬红色素的进一步利用提供理论依据。

研究内容包括以下几个方面。

（1）经紫外光度法分析初步确定碱蓬红色素的主要成分为甜菜红素,因此,以甜菜红素的提取工艺及稳定性研究方法为前提,以吸光度值变化为基础,通过比较乙醇、水、丙酮、乙醚、冰乙酸、石油醚等不同溶剂下甜菜红素溶解度确定合适的提取剂。

（2）以吸光度值变化为基础,比较相同溶剂、不同的提取方式下（浸提、回流、索氏提取等）的碱蓬色素的最佳提取方法。

（3）以吸光度值变化为基础,通过比较温度、光照时间、pH 值、氧化剂、还原剂、常见金属离子、EDTA、柠檬酸等不同因素对同一溶剂提取液及同一因素对不同溶剂提取液的影响,来探讨盐地碱蓬红色素的稳定性。

（4）利用从盐地碱蓬中提取出的盐地碱蓬红色素,通过单因素正交实验,考察壳聚糖季铵盐阳离子对改性棉织物的抗菌染色工艺,得出碱蓬红色素上染改性棉织物的最佳抗菌染色一浴染色工艺;

（5）初步探索织物抗菌性与染色性能之间的关系,得出碱蓬红色素对大肠杆菌、金黄色葡萄球菌、枯草芽孢杆菌、绿脓杆菌的最低抑菌浓度;

（6）通过抗菌效果与染液浓度的关系,可以初步掌控上染织物的抗菌效果。

通过本研究,以期为今后盐地碱蓬中天然色素的提取以及其在食品着色、医药、化妆品及纺织品染色方面提供广阔的基础材料和可选择的空间。盐地碱蓬作为甜菜红素的提取原料具有许多优势。相对比于甜菜,盐地碱蓬中含有很少的糖类,极大地简化了色素的提取过程。而且,我国拥有大面积的沿海滩涂地,由于这些土地基本上都是盐碱地,绝大部分还没有被利用,如果能利用这大面积的盐碱地来种植盐地碱蓬,既不需要淡水浇灌,又不与农田争土地,这将会带来巨大的经济效益。

3.2 实验方法

3.2.1 实验原料

盐地碱蓬：采自盐城滨海盐碱地。60 ℃下鼓风干燥，将烘干后的样品粉碎成粉末，4 ℃密封保存备用。

3.2.2 药品与试剂

主要药品与试剂见表 3-1。

表 3-1 药品与试剂

品名	纯度	生产厂家
丙酮	AR	国药集团化学试剂有限公司
乙醇	AR	国药集团化学试剂有限公司
乙醚	AR	上海向阳化工厂
石油醚	AR	天津河东区红岩试剂厂
氢氧化钠	AR	天津大茂化学试剂厂
冰醋酸	AR	上海申翔化学试剂有限公司
硫酸亚铁	AR	上海凌峰化学试剂有限公司
氯化钠	AR	上海凌峰化学试剂有限公司
无水氯化钙	AR	上海申翔化学试剂有限公司
氯化钡	AR	鑫科股份合肥工业大学化学试剂厂
硫酸镁	AR	上海申翔化学试剂有限公司
盐酸	AR	扬州九九生物有限公司
双氧水	AR	上海凌峰化学试剂有限公司
抗坏血酸	AR	国药集团化学试剂有限公司
EDTA	AR	上海凌峰化学试剂有限公司
柠檬酸	AR	宜兴市第二化学试剂有限公司
硅酸钠	AR	上海向阳化工厂
高效精炼剂	AR	天津河东区红岩试剂厂
壳聚糖	AR	上海蓝季科技发展有限公司
磷酸氢二钠	AR	上海申翔化学试剂有限公司
蛋白胨	BR	上海抚生实业有限公司
牛肉浸膏	BR	上海抚生实业有限公司
琼脂	LR	上海抚生实业有限公司
金黄色葡萄球菌	BR	上海抚生实业有限公司
大肠杆菌	BR	上海抚生实业有限公司
枯草芽孢杆菌	BR	上海抚生实业有限公司
绿脓杆菌	BR	上海抚生实业有限公司

3.2.3　仪器设备

主要仪器设备见表 3-2。

表 3-2　仪器设备

仪器名称	生产厂家
UV-1801 紫外-可见分光光度计	北京瑞利分析仪器有限公司
SHZ-Ⅲ 循环水式真空泵	南京科尔仪器设备有限公司
HHS 恒温水浴锅	南通三思机电科技有限公司
pHS-25 酸度计	上海恒平科学仪器有限公司
YP102N 电子天平	上海恒平科学仪器有限公司
RE-52AA 型旋转蒸发仪	上海亚荣生化仪器厂

3.2.4　实验方法

3.2.4.1　盐地碱蓬红色素的提取及稳定性研究

（1）提取剂的选择

将盐地碱蓬植株用蒸馏水洗净,取其地上部分晾干,切碎。分别称取 1.00 g 样品 8 份,分别溶于 60 mL 水、50％乙醇、50％丙酮、36％冰乙酸、无水乙醇、丙酮、乙醚、石油醚中,浸提 2 h,抽滤。滤液转移到比色管中,观察其颜色,初步确定提取溶剂。对颜色较深的取 10 mL 稀释 20 倍,进行光谱扫描,确定色素的吸收峰,并依此判断其种类及最大吸收波长备用。

（2）提取方式的确定

准确称取 1.00 g 样品 3 份,各加入 50％丙酮 60 mL,分别采用浸提、回流、连续回流三种方式提取 2 h,抽滤,滤液转入比色管中,观察其颜色,并于最大吸收波长处测定吸光度值,并依此确定提取方式。

（3）提取色素的稳定性

① 温度对色素稳定性的影响

取色素水溶液和 50％丙酮色素溶液各 5 份,分别在 10 ℃、30 ℃、50 ℃、70 ℃、90 ℃水浴锅中恒温浸提 30 min,冷却至室温,测定吸光度。

② 光照时间对色素稳定性的影响

分别移取色素水溶液和 50％丙酮色素溶液各 2 份,置于室光下,每隔 30 min 测定吸光度。

③ pH 值对色素稳定性的影响

用 pH 值为 3.0、5.0、7.0、9.0、11.0 的不同缓冲稀释液,配制相同浓度的色素水溶液和相同浓度的 50％丙酮色素溶液,在室温暗处放置 1 h,测定吸光度。

④ 氧化剂对色素稳定性的影响

选用双氧水作为氧化剂,分别配制浓度为 0、1％、5％、10％的双氧水色素水溶液和双氧水 50％丙酮色素溶液 50 mL,在室温暗处放置 1 h,测定吸光度。

⑤ 还原剂对色素稳定性的影响

选用抗坏血酸作为还原剂,分别配制浓度为 0、0.1％、0.5％、1％的抗坏血酸色素水溶液和抗坏血酸 50％丙酮色素溶液 50 mL,在室温暗处放置 1 h,测定吸光度。

⑥ 常见金属离子对色素稳定性的影响

分别配制浓度为 0.1％的 Na^+、Mg^{2+}、Fe^{2+}、Ca^{2+}、Ba^{2+} 色素水溶液和 50％丙酮色素溶液 50 mL,在室温暗处放置 1 h,测定吸光度。

⑦ EDTA 对色素稳定性的影响

分别配制浓度为 0、0.1％、0.5％、1％的 EDTA 色素水溶液和 EDTA 50％丙酮色素溶液 50 mL,在室温暗处放置 1 h,测定吸光度。

⑧ 柠檬酸对色素稳定性的影响

分别配制浓度为 0、0.1％、0.5％、1％的柠檬酸色素水溶液和柠檬酸 50％丙酮色素溶液 50 mL,在室温暗处放置 1 h,测定吸光度。

（4）盐地碱蓬红色素的提取

将准备好的碱蓬洗净,晾干;用剪刀将稍大的枝剪成小块,放在粉碎机中粉碎;取底层碎屑称取 10 g,放在 250 mL 的烧杯中,放入 50 ℃的水浴锅中浸泡 4 h;用纱布滤出残渣,用高速冷冻离心机进行离心,得到色素提取液,备用。

3.2.4.2 盐地碱蓬红色素上染改性棉织物的抗菌性能研究

（1）棉织物前处理

织物润湿挤干后投入练漂液(浴比:1:10)→练漂(沸煮 40～50 min)→热水洗 2～3 次(85～90 ℃)→温水洗 1～2 次(70～80 ℃)→冷水洗→晾干。

（2）壳聚糖季铵盐阳离子改性剂制备

壳聚糖季铵盐阳离子改性剂的制备参照文献[195]进行:称取 4 g 壳聚糖,置入 100 mL 三口烧瓶,加入 50 mL 异丙醇搅拌分散均匀,体系升温至 80 ℃,在 1 h 内滴加 10 mL 的 2,3-环氧丙基三甲基氯化铵异丙醇溶液(0.5 g/mL),维持体系温度 80 ℃,搅拌速度 1 500 r/min,反应时间 2 h。反应结束后溶液变澄清,烧瓶底部有浅黄色沉淀,静置分层,减压抽滤,55 ℃真空干燥。干燥后即得壳聚糖季铵盐阳离子改性剂。

（3）棉织物改性

棉织物的改性参照文献[196]进行:采用恒温法对棉织物进行改性。浴比为 1:50,改性温度 80 ℃、改性时间 40 min、改性剂用量 4％。改性完毕,充分清洗,晾干,待用。

（4）改性棉织物染色工艺

改性棉织物染色工艺参照文献[196]进行:改性棉织物采用恒温染色,其染色工艺如下:配制一定浓度的碱蓬红色素染液并调制规定的 pH,恒温水浴锅加热至 60 ℃,织物入染,加热升温到指定温度进行恒温染色。染毕,充分清洗,晾干,备用。

上染率计算公式如下：

$$上染率\ E=(1-A_1C_1/A_0C_0)\times100\%$$

式中，A_1、A_0 分别为残液、原液的吸光度；C_1、C_0 分别为残液、原液的稀释倍数。

染色织物的耐洗、耐摩擦色牢度分别参考 GB/T 3921—2008，GB/T 3920—2008 进行测定。

（5）抗菌测试

① 培养基

种子培养基：牛肉膏 3.0 g/L，蛋白胨 10.0 g/L，NaCl 5.0 g/L，琼脂 18 g/L，pH 7.4~7.6。

发酵培养基：蛋白胨 13.0 g/L，甘油 20.0 g/L，$MgSO_4$ 1.2 g/L，NaCl 5.0 g/L，摇瓶装液量 20 mL/100 mL，接种量 5%（体积分数），pH=6.5。

② 培养方法

种子培养：菌株经斜面活化后，接入种子培养基中，37 ℃、180 r/min 摇床上培养 12 h。

发酵培养：250 mL 三角瓶，装液量 50 mL，按 5% 的接种量接种至发酵培养基中，28 ℃、180 r/min 摇床上培养 48 h。

③ 抗菌性能测试

此法为改良的 AATCC-100 法：参照文献[197]进行。用分光光度计测定菌液浓度，使其在 1×10^5~2×10^5 CFU/mL 范围内，以未染色棉织物为对照样，每种织物（未染色棉织物和染色棉织物）各取 3 份，每份为 1.8 cm 的正方形。移取 4 种菌液各 1 mL，分别均匀滴在已备好的灭菌织物布样上，使其完全渗透，盖紧瓶盖，在 37 ℃ 的恒温箱中培养 22 h 后取出，加入 20 mL 已灭菌的 0.85% 生理盐水，在数显恒温振荡器里以 110 r/min 的转速振荡 5 min，洗脱，用稀释平板计数法计数洗脱液中的活菌数，计算抑菌率 P。

3.3　结果与讨论

3.3.1　盐地碱蓬红色素的提取工艺及稳定性研究

3.3.1.1　提取剂的选择

表 3-3 为盐地碱蓬红色素在不同溶剂中的溶解情况。由表 3-3 知，盐地碱蓬红色素易溶于含水的有机溶剂，难溶于无水乙醇、丙酮、乙醚等纯有机溶剂，从而得出盐地碱蓬红色素为水溶性色素。

表 3-3 盐地碱蓬红色素在不同溶剂中的溶解情况

溶剂	溶解状况	颜色变化
水	易溶	暗红
50％乙醇	易溶	暗红
50％丙酮	易溶	暗红
36％乙酸	微溶	浅红
乙醚	不溶	浅绿
石油醚	不溶	浅绿
丙酮	不溶	浅绿
无水乙醇	不溶	浅绿

　　图 3-1 为水中碱蓬红色素的紫外吸收光谱图,图 3-2 为 50％丙酮中碱蓬红色素的紫外吸收光谱图。由图 3-1 和图 3-2 可以看出,水提取液和 50％丙酮提取液的紫外-可见光扫描波谱趋势基本一致,在可见光区,吸收峰都为 538 nm,从而可以确定盐地碱蓬红色素的最大吸收波长为 538 nm,与王长泉等[194] 的研究一致,初步确定其为甜菜红素。因此,本书以 538 nm 作为色素的检测波长,以比较相同因素对盐地碱蓬红色素的影响。

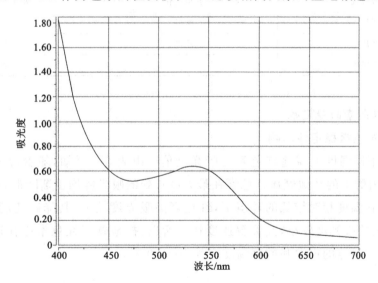

图 3-1 水中碱蓬红色素的紫外吸收光谱

3.3.1.2 提取方式的选择

　　表 3-4 为不同提取方式对碱蓬红色素的提取影响情况表。由表 3-4 知,盐地碱蓬红色素在采用浸提方式提取时,在最大波长处的吸光度值最大,从而初步确定盐地碱蓬红色素的提取方式为浸提。

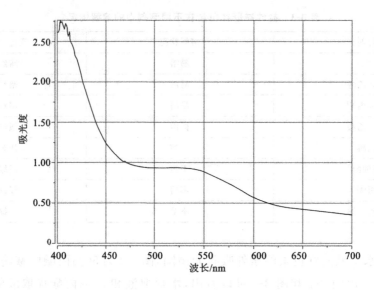

图 3-2　50％丙酮中碱蓬红色素的紫外吸收光谱

表 3-4　不同提取方式对碱蓬红色素的提取影响

提取方式	颜色变化	吸光度值
浸提	暗红	0.756
回流	浅红	0.574
索氏提取	黄绿	0.476

3.3.1.3　提取色素的稳定性

（1）温度对色素稳定性影响

表 3-5 为不同温度下碱蓬红色素的吸光度值。由表 3-5 可知,随着温度的逐渐升高,水和 50％丙酮中的盐地碱蓬红色素在最大波长处的吸光度均逐渐降低,即碱蓬红色素逐渐降解。在温度相对较低的环境下,红色素的吸光度较大,其降解速度慢;在高温环境下,红色素的吸光度较小,其降解速度快。所以,盐地碱蓬红色素应在适宜的温度下提取和贮存。最佳的提取和贮存温度应为 10～30 ℃。

表 3-5　温度对碱蓬红色素稳定性影响

溶剂	吸光度				
	10 ℃	30 ℃	50 ℃	70 ℃	90 ℃
水	1.170	1.060	0.845	0.781	0.501
50％丙酮	0.951	0.871	0.850	0.805	0.694

（2）光照时间对色素稳定性的影响

表 3-6 为不同光照时间下盐地碱蓬红色素吸光度值。由表 3-6 可知,盐地碱蓬红色

素对光稳定性较为敏感,在光照下,降解快,随着光照时间的延长,其吸光度降低,即降解彻底。因此,在使用和贮存时应注意避光。

表 3-6 光照时间对盐地碱蓬红色素稳定性影响

溶剂	吸光度		
	0.5 h	1 h	1.5 h
水	0.910 4	0.874 7	0.769 4
50%丙酮	1.788 3	0.907 2	0.810 7

(3)pH 值对色素稳定性的影响

表 3-7 为盐地碱蓬红色素在 pH 值分别为 3.0、5.0、7.0、9.0、11.0 作用下的吸光度值。由表 3-7 可知,随着 pH 值的升高,水和 50%丙酮中的盐地碱蓬红色素的吸光度均先升高后降低,当 pH 值等于 5 时,盐地碱蓬红色素的吸光度最大,即色素提取率最高,稳定性最好。实验中观察到在 pH 值小于 7 的酸性条件下,碱蓬红色素溶液显红色;在 pH 值大于 7 的碱性条件下,碱蓬红色素溶液显黄色。

表 3-7 pH 值对盐地碱蓬红色素稳定性影响

溶剂	吸光度				
	pH=3.0	pH=5.0	pH=7.0	pH=9.0	pH=11.0
水	0.121	0.124	0.122	0.120	0.109
50%丙酮	0.086	0.089	0.081	0.076	0.064

(4)氧化剂对色素稳定性的影响

表 3-8 为盐地碱蓬红色素在浓度分别为 0、1%、5%、10%双氧水存在下的吸光度值。由表 3-8 可知,随着双氧水浓度的增大,水和 50%丙酮中的盐地碱蓬红色素的吸光度均逐渐降低,与未加氧化剂的吸光度相差明显,从而表明盐地碱蓬红色素易被氧化。故使用时应间隔氧或避免与氧化剂同时使用。

表 3-8 不同浓度双氧水对盐地碱蓬红色素稳定性影响

溶剂	吸光度			
	$C_{双氧水}=0$	$C_{双氧水}=1\%$	$C_{双氧水}=5\%$	$C_{双氧水}=10\%$
水	0.118	0.081	0.075	0.060
50%丙酮	0.083	0.078	0.051	0.026

(5)还原剂对色素稳定性的影响

表 3-9 为盐地碱蓬红色素在浓度分别为 0、0.1%、0.5%、1%的抗坏血酸作用下的吸光度值。由表 3-9 可知,随着抗坏血酸浓度的增大,水和 50%丙酮中的盐地碱蓬红色

素的吸光度均逐渐降低,但降低幅度不明显,从而表明还原剂抗坏血酸对盐地碱蓬红色素稳定性影响不是很大。

表 3-9　不同浓度抗坏血酸对盐地碱蓬红色素稳定性影响

溶剂	吸光度			
	$C_{抗坏血酸}=0$	$C_{抗坏血酸}=0.1\%$	$C_{抗坏血酸}=0.5\%$	$C_{抗坏血酸}=1\%$
水	0.136	0.131	0.124	0.122
50%丙酮	0.101	0.076	0.075	0.073

（6）常见金属离子对色素稳定性影响

表 3-10 为 Na^+、Mg^{2+}、Fe^{2+}、Ca^{2+}、Ba^{2+} 作用下的盐地碱蓬红色素吸光度值。由表 3-10 可知,加入 Na^+ 和 Mg^{2+} 的色素溶液,其吸光度变化较小,从而表明 Na^+ 和 Mg^{2+} 对盐地碱蓬红色素的稳定性影响很小;加入 Fe^{2+}、Ca^{2+}、Ba^{2+} 的色素溶液,其吸光度变化较大,从而表明 Fe^{2+}、Ca^{2+}、Ba^{2+} 对盐地碱蓬红色素的稳定性有明显的影响。

表 3-10　常见金属离子对盐地碱蓬红色素稳定性的影响

溶剂	吸光度					
	空白	Na^+	Mg^{2+}	Fe^{2+}	Ca^{2+}	Ba^{2+}
水	0.124	0.119	0.120	0.668	0.195	0.106
50%丙酮	0.083	0.067	0.050	0.767	0.140	0.402

（7）EDTA 对色素稳定性的影响

表 3-11 为浓度分别为 0、0.1%、0.5%、1% 的 EDTA 作用下的盐地碱蓬红色素吸光度值。由表 3-11 可知,随着 EDTA 浓度的增加,水和 50%丙酮中的盐地碱蓬红色素的吸光度在不断增大,表明 EDTA 对盐地碱蓬红色素有一定的稳定作用。

表 3-11　不同浓度 EDTA 对盐地碱蓬红色素稳定性的影响

溶剂	吸光度			
	$C_{EDTA}=0$	$C_{EDTA}=0.1\%$	$C_{EDTA}=0.5\%$	$C_{EDTA}=1\%$
水	0.124	0.092	0.105	0.111
50%丙酮	0.102	0.066	0.080	0.097

（8）柠檬酸对色素稳定性的影响

表 3-12 为浓度分别为 0、0.1%、0.5%、1% 的柠檬酸作用下的盐地碱蓬红色素吸光度值。由表 3-12 可知,随着柠檬酸浓度的增加,水和 50%丙酮中色素的吸光度不断减小,表明柠檬酸对盐地碱蓬红色素的稳定作用不好。

表 3-12　柠檬酸对盐地碱蓬红色素稳定性的影响

溶剂	吸光度			
	$C_{柠檬酸}=0$	$C_{柠檬酸}=0.1\%$	$C_{柠檬酸}=0.5\%$	$C_{柠檬酸}=1\%$
水	0.124	0.119	0.108	0.096
50%丙酮	0.102	0.083	0.061	0.044

3.3.2　盐地碱蓬红色素上染改性棉织物的抗菌性能研究

3.3.2.1　正交实验

根据对染色效果的影响,选择影响染色效果较大的碱蓬红色素 pH 值、染液浓度、染色温度和染色时间四个因素,每个因素选取三个水平,采用 $L_9(3^4)$ 正交实验表对碱蓬红色素上染改性棉织物进行正交实验,考察这几个因素对色差、上染率、抗菌率等的影响。正交实验因素与水平设计见表 3-13。实验结果见表 3-14。

表 3-13　碱蓬红色素上染改性棉织物工艺优化正交实验因素与水平设计

水平	A:染色温度/℃	B:染色时间/min	C:染液浓度/(g/L)	D:pH 值
1	70	40	5	2
2	80	50	7	4
3	90	60	9	6

表 3-14　碱蓬红色素上染改性棉织物的正交实验结果

序号		染色温度	染色时间	染液浓度	pH 值	色差	上染率	抗菌率（大肠杆菌）/%
1		1	1	1	1	16.56	48.09	72.89
2		1	2	2	2	19.38	40.66	77.23
3		1	3	3	3	20.66	58.23	80.67
4		2	1	2	3	18.28	42.56	77.10
5		2	2	3	1	20.98	59.31	72.61
6		2	3	1	2	21.94	45.18	72.57
7		3	1	3	2	22.89	43.21	82.02
8		3	2	1	3	21.25	44.93	75.19
9		3	3	2	1	19.32	53.11	73.00
色差	k_1	18.867	19.243	19.917	18.953			
	k_2	20.400	20.537	18.993	21.403			
	k_3	21.153	20.640	21.510	20.063			
	R	2.286	1.397	2.517	2.450			

表 3-14(续)

上染率	k_1	48.993	44.6250	46.067	53.503			
	k_2	49.071	48.300	45.443	43.017			
	k_3	47.083	52.173	53.583	48.573			
	R	1.934	7.553	8.140	10.404			
抗菌率	k_1	76.930	77.337	73.550	72.833			
	k_2	74.093	75.010	75.777	77.273			
	k_3	76.737	75.413	78.433	77.653			
	R	2.873	2.327	4.883	4.820			

从表 3-14 结果可以看出,不同因素对于所考察指标项的影响顺序都是染液浓度＞pH＞染色温度＞染色时间,上染率的增大引起抗菌率的增大,原因可能是单位重量改性棉织物上的色素量随着上染率的增大而增多,相应的抑菌性也相应增强。由于染液浓度和 pH 值对上染率影响比较大,所以选择这两个因素,对改性棉织物的上染率进行单因素考察。

3.3.2.2　单因素分析

(1) 染液浓度的影响

其他条件固定为:pH 值为 5,温度为 70 ℃,时间为 40 min,浴比为 1:40,改变染液浓度(ρ)为 4~9 g/L,对改性后的棉织物利用盐地碱蓬红色素进行染色,测定其上染率和染色后织物的抑菌率,结果见图 3-3。

由图 3-3 知道,染色织物的上染率先是随染液浓度的增加而增大,出现极大值 8 g/L后又出现减小的趋势,这可能是因为改性棉织物与碱蓬红色素分子之间的作用力,使得织物对色素的物理吸附能力有一定的限度,当浓度达到某一临界点时,碱蓬红色素在改性棉织物上的吸附达到饱和状态,改性棉织物的上染率将不再随染液浓度的增加而增大,所以最佳的染液浓度为 8 g/L。染液浓度对抑菌率的影响呈现与上染率同样的变化趋势,上染率在染液浓度为 8 g/L 时出现极大值,抑菌率也随之达到极大值。

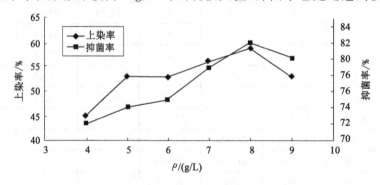

图 3-3　染液浓度对上染率和抑菌率的影响

（2）pH 值的影响

固定其他条件为：染液浓度 8 g/L，温度 70 ℃，时间 40 min，浴比 1∶40，pH 值分别取 1～6，对改性后的棉织物利用盐地碱蓬红进行染色，测试上染率及染色后织物的抑菌率，结果见图 3-4。

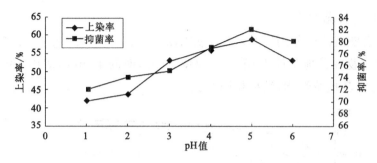

图 3-4　染液 pH 值对上染率和抑菌率的影响

从图 3-4 可知，当 pH 值为 5 时，上染率和抑菌率同时出现最大值。这可能是由于经过壳聚糖季铵盐改性剂改性后的棉织物带有正电荷，而当 pH＝5 时，碱蓬红色素颜色稳定，且与改性棉织物所带电荷相反，促进了离子键的结合，使得上染棉织物变得更为容易，因而具有较高的上染率。在 pH＝5 时，上染到改性棉织物上的碱蓬红色素分子数量最多且性能稳定，而这些分子结构上有较多的酚羟基，能通过氧键方式与细菌蛋白质结合，破坏了蛋白质分子结构，使其变性或失去活性，导致细胞质的固缩和解体。

结合图 3-3 和图 3-4，改性棉织物染色后，上染率和抗菌率的变化趋势是相似的，抗菌率随着上染率的增加而增大。

综合染色正交实验和单因素分析可得出最佳抑菌染色工艺条件为：染液浓度 8 g/L，pH＝5，温度 70 ℃，时间 40 min，浴比 1∶40。

（3）最佳工艺下的染色和抑菌效果

用最佳抗菌染色工艺，上染改性棉织物后的色牢度和抑菌率的结果见表 3-15 和表 3-16。

从表 3-15 和表 3-16 可以看出，用最优的抗菌染色工艺上染的改性棉织物皂洗牢度都在 3 级以上，并体现出较好的性能，且织物具有很好的抑菌性，特别是对金黄色葡萄球菌的抑菌率高达 98％。

表 3-14　碱蓬红色素上染改性棉织物的色牢度

试样	皂洗牢度/级			摩擦牢度/级	
	变色	棉沾	丝沾	干磨	湿磨
改性前	2～3	2～3	3	3	2～3
改性后	3～4	3～4	4	4	3～4

表 3-16 碱蓬红色素上染改性棉织物的抑菌效果

菌种	金黄色葡萄球菌	大肠杆菌	枯草芽孢杆菌	绿脓杆菌
抑菌率/%	97.81	81.02	76.35	85.20

（4）染液最低抑菌浓度

碱蓬红色素染液浓度分别取 8 g/L、4 g/L、2 g/L、1 g/L、0.5 g/L、0.25 g/L、0.125 g/L，对改性棉织物在其他条件为 pH＝5，温度 70 ℃，时间 40 min，浴比 1：40 的条件下进行染色，并考察其抗菌性能，结果见图 3-5。

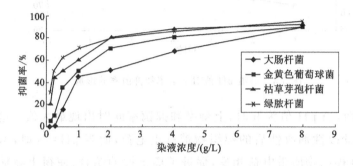

图 3-5 碱蓬红色素染液浓度与抑菌率的关系

由图 3-5 可知，碱蓬红色素对大肠杆菌和金黄色葡萄球菌的抗菌性均随染液浓度的减小而呈现降低的趋势，当其浓度为 2.0 g/L、1.0 g/L、0.5 g/L、0.125 g/L 时，对大肠杆菌、金黄色葡萄球菌、枯草芽孢杆菌、绿脓杆菌的抗菌率分别达到 50.53％、50.26％、50.89％、50.12％。根据抗菌测试效果（AATCC-100）评定标准，当抑菌率高于 50％时，该浓度的碱蓬红色素上染的改性棉织物方具有抑菌作用。因此，碱蓬红色素上染改性棉织物后，对大肠杆菌、金黄色葡萄球菌、枯草芽孢杆菌、绿脓杆菌的最低抑菌浓度分别为 2.0 g/L、1.0 g/L、0.5 g/L、0.125 g/L。

3.4 本章小结

（1）碱蓬红色素的理化性质及特征光谱：碱蓬红色素属水溶性色素，易溶于水和含水的丙酮，难溶于无水乙醚、丙酮等纯的有机溶剂，其经紫外-可见光扫描所得波谱，在538 nm 波长附近有最大特征吸收峰，从而初步确定 538 nm 为其最大吸收波长。

（2）盐地碱蓬红色素的耐温、耐光、耐氧化性较差，对还原剂有一定耐受性，最适宜的 pH 值为 5。

（3）Na^+ 和 Mg^{2+} 对盐地碱蓬红色素的稳定性基本无影响，而 Fe^{2+}、Ca^{2+}、Ba^{2+} 对盐地碱蓬红色素的稳定性有影响。

（4）EDTA 对盐地碱蓬红色素有一定的稳定作用，而柠檬酸对盐地碱蓬红色素的稳定效果差,因此,在贮存和使用过程中可以选用 EDTA 作为其稳定剂。

(5) 通过实验得出碱蓬红色素上染改性棉织物的最佳抑菌染色一浴工艺为:染液浓度 8 g/L,pH＝5,温度 70 ℃,时间 40 min,浴比 1∶40。在最优的染色工艺下染色后的改性棉织物皂洗牢度和摩擦牢度均在 3 级以上。

(6) 改性棉织物采用碱蓬红色素染色后具有良好的抗菌性,对大肠杆菌、金黄色葡萄球菌、枯草芽孢杆菌、绿脓杆菌均具有较好的抑菌性。在最佳抗菌染色工艺下,染色织物对大肠杆菌、金黄色葡萄球菌、枯草芽孢杆菌、绿脓杆菌的抑菌率可以分别达到 81％、97％、77％、85％。

(7) 通过实验和结果分析,得出碱蓬红色素染色和抗菌效果之间的关系。碱蓬红色素上染改性棉织物抑菌性变化趋势均随着碱蓬红色素质量浓度的增加而上升,染液抑菌效果临界点:对大肠杆菌、金黄色葡萄球菌、枯草芽孢杆菌、绿脓杆菌的最低抑菌浓度分别为 2.0 g/L、1.0 g/L、0.5 g/L、0.125 g/L。

4 红菊苣花青素的提取及微胶囊化研究

>>>

4.1 研究背景

4.1.1 红菊苣简介

菊苣是菊科中的一个小属,原产于欧亚大陆,是一种小型蔬菜作物,在北美变成一种杂草,是在 18 世纪 70 年代从欧洲引进的一种已驯化的品种。这种植物有很广泛的用途,从治疗消化疾病的药物,到作为观赏草本植物,再到羊和马的饲料,常用作泻药和利尿剂,也可用于治疗胆结石、肝脏疾病和消化不良[198]。结球红菊苣是菊苣在长期驯化过程中演变而成的,属菊科菊苣属多年生草本植物,是海水蔬菜的一种,叶球呈鲜红色,营养丰富,味道较苦,多用来做沙拉。研究表明,红菊苣中含有生物碱、类黄酮、萜类、酚酸类、内酯类、糖类和香豆素等多种成分,除此之外,还含有马栗树皮素、野莴苣甙和山菊苣素等一般蔬菜不具有的苦味物质,具有清肝利胆、开胃健脾、降低血脂、降低血糖、抗炎、抗菌、调节肠道功能和抗肿瘤等多种药理活性[199-200]。

红菊苣为半耐寒性蔬菜,喜冷凉、湿润气候。其产品是一个红色的叶球,每亩产量一般 1 000～2 000 kg,单球重 0.25～0.5 kg,最大可达 2 kg。因其味道较苦,所以人们对其作为蔬菜的需求量少。目前来看,人们对其栽培技术和其中的总黄酮及绿原酸的提取工艺研究较多。为了更加高效地利用红菊苣资源,有必要对红菊苣中的其他活性成分展开研究,进而为研究其植物化学和药理学提供基础。

4.1.2 花青素简介

4.1.2.1 花青素的来源

作为一种水溶性天然色素,花青素在开花植物(被子植物)中广泛存在,其属于黄酮类化合物,也是水果、蔬菜、花卉中的主要呈色物质。据初步统计,有 27 个科,73 个属的植物中含有花青素,如蓝莓、蔓越莓、桑葚、紫薯、紫甘蓝、茄子和葡萄等。葡萄皮红作为最早被发现且含量最丰富的花青素是从红葡萄渣中提取的。

4.1.2.2 花青素的化学结构

花青素的基本结构为 2-苯基苯并吡喃阳离子,如图 4-1 所示,由一个芳香环与另一个含氧的杂环相连,杂环又通过碳碳键与第三个芳香环相连,碳骨架是 C-6(A 环)-C-3(C 环)-C-6(B 环)。在自然状态下,花青素很少以游离的形式存在,大多数与糖类发生糖基化形成稳定的花色苷,糖基化的花色苷易与酸性物质(阿魏酸、咖啡酸等)发生酰基化作用。自然界中花青素的种类繁多,现已鉴定出 600 多种花色苷和 25 种花青素。花色苷的结构差异是由花青素个体分子中羟基的甲基化程度、羟基数量、糖基的数目种类及位置、酰基化有机酸的种类和数量等存在的差异引起的。在 25 种花青素中,只有 6 种在维管植物常见,它们分别为锦葵色素(Mv)、牵牛花色素(Pt)、矢车菊色素(Cy)、飞燕草色素(Dp)、芍药色素(Pn)、天竺葵色素(Pg),95% 的花色苷来源于这 6 种花青素。这 6 种花青素的区别在于 B 环上连接的甲氧基或羟基的数量和位置不同,即 R_1、R_2 不同,其结构式如图 4-1 所示。Kong 指出,在自然界中,非甲基化的花青素比甲基化的花青素更为普遍。

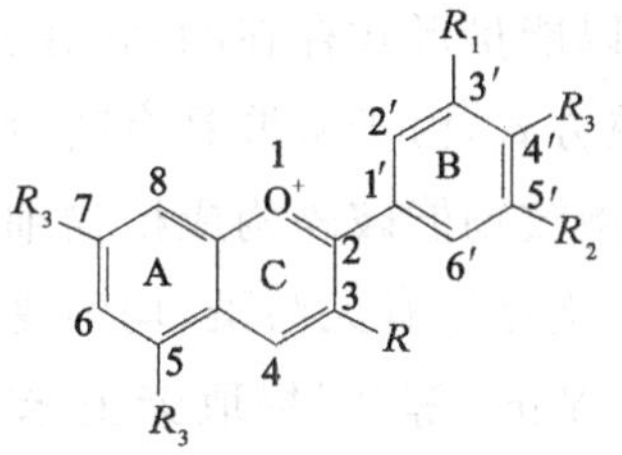

R 是 H 或者糖基,R_1、R_2 是 H、OH 或糖基,R_3 是 OH 或糖基

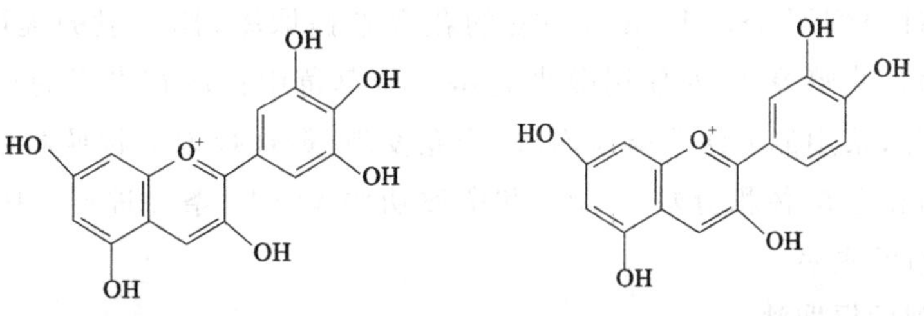

飞燕草色素   矢车菊色素

图 4-1 花青素的基本结构

4.1.3 花青素的提取纯化方法

4.1.3.1 花青素的提取方法

应用花青素的前提是要提取花青素,现阶段关于花青素提取的工艺主要有两种。第一种是包括微波辅助溶剂提取法和热溶剂直接提取法的提取工艺,其特点是工艺过程通常伴随着较大的热效应;第二种是包括高压脉冲电场辅助溶剂提取法、超声辅助溶剂提取法和加压溶剂提取法的提取工艺,其特点是工艺过程不伴随或者伴随有较低热效应[201]。

（1）传统溶剂提取法

在天然色素提取法中,通常选用的是溶剂提取法,而如何选择合适的提取溶剂对于该方法是至关重要的。一般来说,该方法使用的溶剂,在满足可以较高程度地溶解提取物的同时,还要满足对其他物质不能溶解的条件,花青素一般情况下会被糖类通过糖苷化过程转变为花色苷,具有很强的极性。所以,通常情况下,提取花青素可选用水,或者选用具备亲水(脂)性的乙醇、石油醚和甲醇等有机溶剂。考虑到花青素的不稳定,在提取时一般需要向溶液里加入少量的柠檬酸、盐酸、醋酸等酸液来调节 pH。需要提出的是,针对一般的生产流程,不会选用可能造成有毒性残留的甲醇来做溶剂,乙醇等有机溶剂是比较合适的选择。另外,强酸会水解部分处于提取过程中的花青素,因而调节 pH 一般要选用醋酸或其他弱酸来进行[202]。

（2）微波辅助提取法

作为新兴的提取技术,微波辅助提取法是通过微波来加热物料的。微波可以实现加热,其原理在于微波自身是以能量形式存在的,它在介质中能产生热量。这种加热方式显然不同于其他常见的加热方式,由于微波具有瞬时穿透性,所以这种加热方式可以均匀地加热整个系统。另外,微波场能破碎构成植物细胞的细胞壁,使产物的渗出率得以大幅提高。微波辅助提取法优点还有无污染、均匀受热、效率高等,针对植物提取,该法有着很大的应用发展潜力。Yang 等[203]提取紫玉米里的花青素采用的就是微波法,运用响应面法得出最优工艺条件为:固液比 1∶20、微波时间 19 min、微波功率 555 W,按照此提取条件得到了 185.1 mg/100 g 的花青素提取率,比一般的提取方法提取率高,且用时更短。薛婷等[204]对使用微波-乙醇法从草莓中提取花青素的料液比、微波功率等进行了优化,采用的方法是响应面法,研究发现:最优提取应按照料液比 1∶20、提取时间 4.15 min,乙醇体积分数 65.8% 和微波功率 440 W 条件进行。按照此条件,得到了 87.07% 的提取率。

（3）超声辅助提取法

超声波通常在提取多酚、芳香物质、多糖、中草药成分和植物油等物质时,作为辅助方法来使用。在液体中,超声波会闭合并激发出瞬间强压力,这一压力会使植物细胞破裂,细胞中需要提取的物质快速融出。超声波还具有均匀振动的特点,这有利于充分实现萃取样品的目的[205]。田喜强等[206]采用此方法对紫薯中的花青素进行了提取,基于单因素条件,通过正交实验,总结出最优提取要在料液比 1∶25、功率 300 W、40 ℃、乙酸体积分数 15％和提取时间 60 min 的条件下进行。按照此条件,得到了最大紫薯花青素提取率。

（4）生物酶解法

生物酶解法主要利用纤维素酶、果胶酶、α-淀粉酶等对植物细胞壁产生譬如水解和降解的破坏作用,进而将需要的物质更多地溶入溶剂,从而提高花青素的提取率。Daoli 等[207]对牛痘果中的花青素进行提取时,采用的就是果胶酶,并对提取花青素时的影响因素,如 pH、温度、酶解固液比等进行了研究,研究得出:在 pH＝4.5、温度 50 ℃、酶解时间 3 h、固液比 1∶4 和酶量 5.0 mg/g 条件下,酶解效果最好。此条件下的生物酶解法得到的花青素量比传统方法高出了 30％。

4.1.3.2　花青素的定量定性方法

（1）花青素的定量分析

根据对花青素不同分析需求,可将花青素定量方法分为两类:一是测定体系中总的花青素含量;二是测定单个花青素的含量。测定总的花青素含量的方法有消光系数法、pH 示差法和色价法,单个花青素含量的测定方法主要为高效液相色谱法（HPLC）。闫亚美等[208]分别应用消光系数法、pH 示差法和色价法对黑果枸杞进行测定,得到了其中的花色苷含量,结果发现,色价法主要测定花色苷的百分比值,pH 示差法和消光系数法能精确测出反应溶液体系中花色苷的浓度,且 pH 示差法线性范围较广,因此,在测定花青素含量时,应根据分析要求选择定量方法,如果不要求测定花青素的准确含量,仅作为某些实验指标的对照依据时,可选用操作简便的色价法,反之,选用 pH 示差法。杨莹莹等[209]以 HPLC 法为手段对黄刺玫果实施了实验研究,得出其花青素主要是由矢车菊-3-O-葡萄糖苷构成的,其浓度在 2～100 μg/mL 的范围内与峰面积呈良好的线性关系（R^2＝0.999）。

（2）花青素的组分分析

花青素的组分分析一直是国内外众多研究者的研究难点。一方面,花青素的种类众多,并且需对其糖和酰化基团、糖苷配基进行鉴定以及对二者的连接位置进行确定;另一方面,由于相应标品的缺乏,结构鉴定存在很大困难。现阶段,国内外多使用光谱分析法、层析法、液相色谱-质谱联用技术（LC-MS）及核磁共振技术（NMR）作为常用的鉴定方法。纸层析和薄层层析常用于简单的混合物体系的分析,快速高效,设备简单,成本低,但分析不准确,分辨率低;紫外可见光谱法主要用于对简单的混合物体系的定性和定量分析,该方法简单,成本低,但不能区分花青素种类;高效液相色谱法可用于对水溶性、非挥发性和热不稳定的花青素进行定性识别和单个量测定,其优点为速度快、分辨率高、灵敏度高、热降解少,缺点为缺少相应的标品。仅采用一种方法很难准确表征花青素的成分及结构,因此需采用多种分析技术联用。Li 等联用高效液相色谱-二极管阵列检测质谱分析技术对 17 个不同品种、不同产地的蓝莓花青素进行了结构鉴定和定量,蓝莓各品种花青素色谱基本一致,主要含有锦葵色素(41.0%)、飞燕草色素(33.1%)、矮牵牛花色素(17.3%),花青素比例随品种而异[210]。Lee 等[211]联用高效液相色谱-二极管阵列检测-电喷雾质谱和核磁共振技术,检测出刺五加果实中的花青素主要为矢车菊-3-O-葡萄糖苷。Su 等[212]用 LC-MS 鉴定出了转基因紫番茄中的 7 种花青素组分。

4.1.3.3 花青素的纯化方法

花青素的品质不高,存在易吸潮、产品色价低、干燥后呈黏稠状、难以保存等问题,这些都是由于其提取液包含大量杂质(蛋白质、多糖等)。为解决这一问题并进而得到品质较高的花青素,纯化花青素的粗提液是最直接、最有效的途径。现阶段,高速逆流色谱法、纸层析法、离子交换法、制备型高效液相色谱法(PHPLC)、膜分离法、凝胶柱层析法和大孔树脂法等是使用最为广泛的几种纯化手段。

(1) 大孔树脂法

一方面大孔树脂是有机高分子,不溶于水,与其他分子吸附在一起之后会产生氢键或范德瓦耳斯力,这也是它具有吸附作用的内在原因;另一方面,大孔树脂的结构是呈多孔性的,这使得它对一些物质能起到筛选作用。昝立峰等[213]对 14 种大孔树脂的纯化能力(针对紫薯中的花青素)分别进行了分析、评价,结果表明:DM-21 大孔树脂在吸附和解吸方面都优于其他 13 种,并且能对紫薯花青素起到最好的纯化作用。在洗脱流速 3 BV/h,洗脱乙醇(体积分数)70%,pH 范围为 2.0~4.0 的洗脱液和上样液作为纯化条件的情况下,紫薯花青素可以测到值为 54.26+0.87 的色价。Chen 等[214]用桑葚花青素进行实验,分析研究了 X-5、HP-20、D-101、AB-8 和 XAD-7HP 这几种大孔树脂的吸附和解吸性能,结果表明:以上五种大孔树脂均具有较好的吸附和解吸能力,XAD-7HP 大孔树脂对桑葚花青素的纯化效果最好,吸附率为 86.45%,解吸率为 80.81%,吸附量为 3.57 mg/g,花青素的纯度在用 40% 乙醇洗脱的情况下可达到 93.6%。

(2) 膜分离法

粒径不同的分子在同时透过半透膜时,会出现被选择性分离的结果,这就是膜分离技术的原理。在常温条件下,膜分离过程就可以进行,有效成分几乎没有损失,所以极其适合于热敏性物质的处理,再加上其具有适应性强、相态没有变化、耐酸碱等特点,在环境保护、医药和食品等多方面得到了广泛的应用。陈文良等[215]通过使用膜分离技术中的微滤和超滤技术,分离和纯化了葡萄籽中的原花青素。为了探索超滤过程,他们选择对原花青素浓度和膜通量进行考察,最终发现:10 万道尔分子量的膜规格和 1.0 MPa 的操作压力作为超滤条件时,膜的通透性较高,截留率低,而且会得到高含量的原花青素。

(3) 制备型高效液相色谱法(PHPLC)

组成混合物的各组分都有着不同的物化性质,在两个不相容的相中不同程度地分布开来。在两相中,让各组分以不同的速度进行相对运动,进而将各组分先后从柱子中洗脱,实现分离和纯化的目的,这就是 PHPLC 的原理。通过使用 PHPLC 法,Zhao 等从紫薯中分离得到的花青素有 5 种,其中的 2 种是矢车菊,3 种是芍药色素,而且都相连于同一葡糖苷,同时被一个或多个咖啡酰、阿魏酰和对羟基苯甲酰酰化[216]。

4.1.4 花青素稳定性及生物活性研究概况

红菊苣花青素具有较强的抗氧化性,以此为基础,花青素在预防心血管疾病、抗肿瘤、降血糖和抑菌方面也能发挥出一定的作用。

4.1.4.1 花青素稳定性的影响因素

花青素自身的理化性质极其不稳定,极易受到外界不利环境的影响而发生降解,致使其利用率非常低。影响花青素稳定性的主要因素有自身结构、pH 值、氧气,光照、金属离子及与其能够发生反应的化合物等。不同来源的花青素对光和热的稳定性不同,不同来源的花青素稳定性的影响因素见表 4-1。

表 4-1　花青素稳定性的影响因素

种类	稳定性影响因素	文献
紫苏花青素	低温、避光、酸性(pH=3 ~4)条件更有利于紫苏花青素溶液的保存,氧化剂能够破坏紫苏花青素的稳定性,Fe^{3+} 和 Cu^{2+} 对其具有降解作用,Al^{3+}、Zn^{2+} 和 Mg^{2+} 对紫苏花青素降解反而具有一定的保护作用	[217]
紫红薯及玫瑰花青素	热稳定性较好,耐酸,Fe^{3+} 和 Fe^{2+} 能够破坏紫红薯及玫瑰花青素的稳定性;而玫瑰花青素在弱酸下稳定较好,Al^{3+}、Zn^{2+}、Cu^{2+} 对玫瑰花青素稳定性的影响相对较小;紫红薯和玫瑰花青素对碱都比较敏感,在碱性条件下其色泽更深	[218]
木棉花青素	酸性条件下色泽比较稳定,且具有较高的热稳定性;光照能加快木棉花青素的降解,但与紫外光无关;金属离子 Na^+、Mg^{2+}、Ca^{2+}、Al^{3+}、Cu^{2+}、Pb^{2+}、Zn^{2+} 对木棉花青素色泽并无影响,而 Fe^{3+}、Sn^{2+} 有破坏作用	[219]
兔眼蓝莓花青素	光照、pH 值、Fe^{3+}、Fe^{2+}、VC、低浓度的蔗糖、果糖和葡萄糖都影响花青素的稳定性	[220]
蓝莓花青素	蔗糖和柠檬酸使蓝莓花青素稳定性增强;还原剂 VC 在低浓度下对蓝莓花青素的影响不大;Cu^{2+}、Sn^{4+}、Al^{3+}、Fe^{3+} 对蓝莓花青素有稳定作用	[221]
盐生植物翅碱蓬花青素	对自然光的稳定性差,温度升高对色素稳定性不利,金属离子 Fe^{2+}、Mg^{2+}、Cu^{2+}、Mn^{2+} 对花青素稳定性的影响不明显	[222]
石榴花青素	在酸性条件下有较好的稳定性;温度、磷酸盐、甜味剂对石榴果汁花青素的稳定性影响不显著;Fe^{3+}、Cu^{2+} 能引起花青素的较大损失	[223]
紫罗兰马铃薯花青素	pH 值对色素影响明显,酸性条件下比较稳定,对热(60 ℃内)耐受性强,光照能加速色素降解;金属离子对色素影响较小,而 Fe^{2+} 使色素稳定性下降,Al^{3+} 对其具有较强的增色作用;对抗坏血酸、Na_2SO_3 和 H_2O_2 则很敏感	[224]
黑布林花青素	对热、酸及常见的金属离子都有较好的稳定性,金属离子影响较小,而 Fe^{3+} 使色素稳定性下降	[225]

表 4-1(续)

种类	稳定性影响因素	文献
新疆木纳格葡萄花青素	光照条件下花青素稳定性较差;高温对花青素有降解作用,60 ℃以下稳定性良好;pH 值为 5 时花青素稳定性好;金属离子 Cu^{2+} 和 Al^{3+} 对花青素的稳定性影响显著;苯甲酸对花青素稳定性影响显著	[226]
石榴花青素	柠檬酸对该色素有一定的增色作用;蔗糖、葡萄糖、紫外光照射对它影响作用很小;低浓度的苯甲酸钠和山梨酸钾对该色素无影响,高浓度的则有降解作用;而 H_2O_2、Na_2SO_3、VC 和 O_3 则对该色素有破坏作用	[227]
木枣花青素	木枣果皮花青素对热、亚硫酸钠、蔗糖、苯甲酸钠以及部分金属离子比较稳定,对光和过氧化氢很不稳定	[228]
紫甘薯花青素	自然光和紫外光照对花青素稳定性影响较小,高温对花青素稳定性影响较大,pH 值对花青素稳定性影响非常大,低 pH 值有利于花青素保留	[229]
玫瑰花青素	光照对其稳定性影响最小;酸性条件下,温度越低,酸性花青素越稳定	[230]
紫白菜花青素	具有一定的耐热性,但受热温度不能超过 60 ℃;受 pH 值影响较大	[231]

花青素本身的结构也会影响其稳定性,花青素糖苷配基的羟基化会使花青素的稳定性降低,而糖苷配基的甲基化、糖基化、酰基化都能增加花青素的稳定性,而不同的糖基对花青素稳定性也有很大的影响,对花青素稳定性的影响顺序由小到大依次为葡萄糖、半乳糖、阿拉伯糖。

4.1.4.2 提高花青素稳定性的方法

提高花青素稳定性的方法主要有添加辅色剂、化学修饰、微胶囊化等。

通过在花青素中添加不同类型的辅色剂,以分子内辅色方式提高花青素的稳定性是一种有效的方法。Mazza 等[232]研究表明,一些有机酸,如苹果酸,对花青素的辅色作用能够增加植物色素的稳定性。Bakowska 等[233]研究了黄芪、绿原酸和芦丁提取物作为辅色剂对花青苷的辅色作用,结果表明,黄芪、绿原酸和芦丁提取物可不同程度提高色素稳定性辅色效果,其中,黄芪提取物辅色效果优于绿原酸和芦丁提取物。

有研究表明,对花青素进行化学修饰,如酰基化,会提高花青素对热处理、pH 变化、光照等条件的耐受性。花青素上的糖基与一个或多个有机酸酰化后形成有机大分子,酰化花青素的有机酸与糖基相连,经过折叠之后,堆积在 2-苯基苯并吡喃骨架的表面,从而有效地抵抗水亲核攻击以及其他类型的降解反应,从而提高花青素的稳定性。Dougall 等[234]通过胡萝卜细胞培养的方法生产花青素,在培养液中添加苯乙烯酸以及其他芳香酸,结果得到的花青素中有 14 种新型单酰花青素,测定其在 pH 值为 2.0 和 6.0 时的最大吸收峰值发现,在接近中性条件下,酰基化花青素稳定性较好,能够保持颜色的基本稳定;在 14 种新型单酰花青素中,苯乙烯酸酰化花青素的稳定性最好,^{1}H-NMR研究结果也证实,酰化花青素的酰基与发色团有较强的作用。

花青素的微胶囊化利用天然或合成的高分子包囊材料,将花青素进行包埋,然后封存在具有半透性或密封性囊膜的微型胶囊内,形成花青素固体微粒。花青素的微胶囊化不仅可以减轻紫外线、氧、高温等外界环境因素对花青素的破坏作用,有效提高花青素在各种不利环境下的稳定性,还可以选用具有缓释功能的多糖、蛋白质等壁材,调控具有生理活性花青素的释放速度,从而实现微胶囊的控制释放。黄敬德等[235]采用喷雾干燥法制备喀什小檗花青素的微胶囊产品,并通过单因素及正交实验优化壁材和工艺参数,结果表明,芯壁比为 1∶5、麦芽糊精∶β-环糊精为 1∶6、乳化剂阿拉伯树胶为1.0%、固形物含量为 30%、进口温度为 160 ℃、出口温度为 80 ℃时,花青素包埋率最高;稳定性实验表明微胶囊化的喀什小檗花青素能够在一定程度上提高其对温度、光、金属离子、氧化剂、还原剂等的稳定性。Betz 等[236]用乳清蛋白凝胶对越橘提取物中具有生物活性的花青素进行包埋,结果显示,花青素微胶囊以菲克扩散的方式释放,释放速率和扩散指数受蛋白含量和提取物负载量的影响,pH 值对壁材的凝胶性、稳定性和释放性都有很大的影响,微胶囊在 pH 值为 1.5 时具有更高的稳定性。Burin 等[237]利用响应面优化赤霞珠花青素微胶囊工艺,结果显示,以麦芽糊精/阿拉伯树胶的复配为壁材生产的微胶囊具有最长的半衰期,在所有储藏条件下,都具有最低的降解速率,最好的稳定性。

4.1.5　花青素的生物活性研究

4.1.5.1　花青素抗氧化性研究

花青素是羟基供体,对羟基自由基具有很好的清除作用,可和金属 Cu^{2+} 等螯合,防止 VC 过氧化,也能淬灭单线态氧。已有研究证实:花青素是目前发现的最有效的抗氧化剂,自由基清除能力也最强的,花青素的抗氧化能力比 VC 高 20 倍,比 VE 高 50 倍。在主要的花青素苷元中,B 环上的羟基越多其抗氧化活性越强,飞燕草色素 B 环上有 3个羟基,其抗氧化活性最强,矢车菊色素 B 环上有 2 个羟基,抗氧化活性次之,而 B 环上只有 1 个羟基的天竺葵色素活性最弱。与不接糖苷基相比,花青素苷元接上糖苷基清除 DPPH 自由基的能力明显降低。

目前对花青素的抗氧化活性的研究多采用体外化学抗氧化性的研究方法,如 DP-PH 法、FRAP 法、ORAC 法、TRAP 法、TEAC 法、TOSC 法等。Kano 等[238]针对抗氧化活性将紫玉米、紫甘蓝、紫薯以及葡萄皮中的花青素进行了对比,结果证实:相比于其他花青素而言,紫薯中的花青素对 DPPH 自由基具有最强的清除能力。Lu 等[239]将用95%的乙醇从紫薯花青素中微波辅助提取的提取物和用酸化的蒸馏水从紫薯花青素中微波辅助提取的提取物的体外抗氧化活性进行了对比,结果表明:前者和后者都有很强的清除 DPPH 自由基的能力,但后者清除能力更强,不过,在抗脂质过氧化能力和总还原力方面,两者大致相同。戴妙妙等[240]使用 FRAP 法、ABTS 法和 DPPH 法对紫娟茶花青素的粗提物的清除自由基能力和体外抗氧化活性进行了分析,分析表明:紫娟茶花青素相对于 2,6-二叔丁基对甲酚(BHT)和丁基羟基茴香醚(BHA),具有更强的清除DPPH 自由基能力,而清除 FRAP 和 ABTS 抗氧化能力的情况为:BHT＜紫娟茶花青素粗提物＜BHA。尽管以上所介绍的评价抗氧化活性的方法应用范围比较广,但都偏离生理条件,所以动物实验是评价物质抗氧化活性最有效的方法。

4.1.5.2 花青素抗菌性研究

花青素属于黄酮类化合物,结构中含有较多的酚羟基,可以与细胞膜上的蛋白质结合,从而使细胞膜结构遭到破坏,导致细胞内容物泄露,进而导致细菌死亡。可通过花青素对致病菌的最低抑菌浓度(MIC)和最低杀菌浓度(MBC)来衡量其抗菌作用。戴妙妙等[240]采用微生物检测的经典方法——抑菌圈法,研究了紫娟茶中花青素对金黄色葡萄球菌、大肠杆菌、酵母菌的抑菌性。结果表明,紫娟茶中花青素提取物浓度达到10％～20％时,对金黄色葡萄球菌抑菌能力较强,其次是大肠杆菌,但对酵母菌无抑制效果。有研究发现蔓越莓花青素对铜绿假单胞菌和大肠杆菌有明显的抑制作用。Côté 等[241]通过研究蓝莓花青素对大肠杆菌生长曲线的影响,以及采用液体倍比稀释法测定最低抑菌浓度(MIC)和最低杀菌浓(MBC)来评价蓝莓花青素的抑菌性。结果表明,蓝莓花青素可有效抑制大肠杆菌的生长。

4.1.5.3 花青素抗肿瘤研究

花青素具有很强的抗癌活性。Mantena 等[242]分别用体内外实验方法评价了花青素对乳腺癌的作用,体外实验结果显示,在 CT1、MCF-7 和 MDA-MB-468 细胞的培养基中加入花青素,培养十五天后发现,这些细胞的增殖能力和生长速度明显低于没有添加花青素的对应细胞,这种效果具有剂量依赖关系;进一步通过体内实验观察花青素对乳腺癌生长和转移情况的影响,结果显示,给已经植入 CT1 细胞的小鼠灌胃不同剂量的花青素,够使明显降低小鼠的乳腺癌发生率,延迟发生时间,并且转移较少;其机制可能是花青素可以中断线粒体旁路,诱导肿瘤细胞凋亡,增加 caspase3 的活性等,最终抑制肿瘤细胞的生长和转移。花青素能够抑制周期蛋白 A 等调控蛋白的合成,干扰细胞周期,从而中断肿瘤细胞的增殖,也有实验证实,花青素通过阻断分裂原活化蛋白激酶 MAPK 通路的方式来发挥对肿瘤细胞的抑制作用。Boivin 等[243]发现矮丛蓝莓可阻断细胞的增殖周期,抑制各个组织癌细胞株的生长和增殖。高爱霞等[244]在花青素对肺癌细胞 NCI-H460 的抑制作用的研究中指出,花青素作用于 NCI-H460 细胞 72 h 的 IC50 值是 90.8 μg/M,说明花青素能够明显抑制这种癌细胞的增殖,诱导 NCI-H460 细胞凋亡,也能够抑制裸鼠体内肿瘤的生长。Chen 等[245]对花青素矢车菊-3-葡萄糖苷(C3G)和矢车菊-3-芸香苷(C3Y)的抗癌活性的研究结果显示,C3G 和 C3Y 可以以剂量依赖型的方式降低基质金属蛋白酶-2 和尿激酶的表达,并且能够加强基质金属蛋白酶抑制剂-2 纤溶酶原激活物抑制剂的表达,进一步用半定量 RT-PCR 方法分析表明花青素能够在转录水平上改变相关基因的表达,抑制癌细胞的增殖。Meiers 等[246]通过体外细胞实验证明了飞燕草花青素和矢车菊花青素在微摩尔量的范围内就能够抑制肿瘤细胞生长。有研究发现从蓝莓中提取的花青素可以通过阻断激素依赖和非激素依赖两种方式,抑制前列腺癌的生长和转移,对前列腺癌具有很好的治疗作用。

4.1.5.4 花青素对亚硝酸盐清除及阻断亚硝酸铵生成水平的研究

目前,有关红菊苣花青素清除亚硝酸盐及对亚硝酸铵阻断作用尚未见报道,仅有一些资料报道了植物色素清除亚硝酸盐的作用。黄俊生[247]研究表明,南姜花青素在模拟人体胃液的条件下,对亚硝酸钠的最大清除率可达87.14%,是抗坏血酸(VC)清除能力的1.6倍,对亚硝酸铵合成的阻断率最大达94.82%,是VC阻断能力的8倍。褚盼盼等[248]以黑豆红色素为实验材料,采用分光光度法研究了黑豆红色素浓度、pH值、反应温度、反应时间等因素在体外清除亚硝酸盐时发挥的作用。结论证实:黑豆红色素在体外清除亚硝酸盐方面有较强的作用。最佳清除条件为:黑豆红色素浓度5.5 mg/mL、pH=2.6、反应温度37 ℃、反应时间4 h,最大清除率达到了99.50%,在同等条件下,黑豆红色素比VC体外清除效果更好。

4.1.5.5 其他活性

花青素具有很高的利用价值,除具有抗氧化、抗肿瘤的活性外,还具有其他活性。有研究者研究了紫甘薯中分离出来的酰基花青素的降血糖活性,实验结果显示,灌胃雄性小鼠100 mg/kg的酰基花青素,小鼠的血糖浓度在30 min后下降了16.5%,进一步研究发现,10 mg/kg的酰基花青素仍具有降低血糖的作用。马淑青等[249]通过给大鼠一次性尾静脉注射链脲佐菌素诱导糖尿病模型,然后给其灌胃花青素,结果发现,花青素可以减缓大鼠体重下降的趋势,显著改善糖尿病大鼠的"三多一少"症状,使糖尿病大鼠的血糖显著降低。邹宇晓等[250]研究了荔枝壳花青素对大鼠佐剂性关节炎的治疗效果,实验结果显示,高剂量荔枝壳花青素可以降低血清中一氧化氮(NO)、白介素-1β(IL-1β)和丙二醛(MDA)的含量,提高机体的抗氧化能力,还可显著降低大鼠左侧继发性足肿胀厚度,机体不适症状得到缓解,其作用机制可能与提高机体抗氧化能力有关。

4.1.6 花青素的微胶囊化

微胶囊化技术是目前比较成熟且应用广泛的一种技术,在提高芯材稳定性和生物利用率方面具有独特的优势。对花青素微胶囊化是提高花青素在加工、贮存中稳定性的一种有效方法,同时,也可以控制花青素在体内胃肠道的释放率。因此,花青素的微胶囊化研究越来越引起人们的关注,近年来,国内外学者就花青素的微胶囊化展开了大量研究。

4.1.6.1 制备花青素微胶囊的方法及优缺点

包封法是提高花青素稳定性的先进技术,其中最常用的封装技术是微胶囊化。微胶囊化是提高生物活性物质的利用度和稳定性、控制活性物质释放的有效途径。微胶囊化的主要目的是保护核心材料不受环境影响,从而提高产品的货架期,促进核心材料的可控释放。经微胶囊化后,通常可以获得两类形态的微胶囊:单核(单个核被壁材包裹)和多核(多个核被嵌入到壁材中)。

制备花青素微胶囊的方法有很多,如喷雾干燥法、冷冻干燥法、流化床涂层法、乳化法、挤压法、超临界流体快速膨胀包埋法、离子凝聚法、热凝聚法、相分离法和复相乳液法等。制备方法的选择主要取决于所需颗粒大小、芯材和壁材的理化性质、缓释机制、成本等。其中,喷雾干燥是包覆花青素最常用的方法,约80％的壁材适用于喷雾干燥法。冷冻干燥也是花青素包封的一种有效方法,可产生多孔、不收缩的结构,特别适用对热敏感的活性物质。但冷冻干燥的主要缺点是能耗高、耗时,与喷雾干燥相比,多孔结构导致稳定性较差。

4.1.6.2　喷雾干燥法制备花青素微胶囊

制备花青素微胶囊最常用的方法就是喷雾干燥法。与其他封装方法相比,喷雾干燥可以获得稳定的微粒粉末。此外,喷雾干燥机是食品和制药行业常见的设备,对设备的要求比较低。花青素微胶囊制备流程见图 4-2。

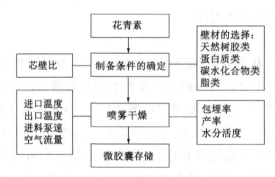

图 4-2　花青素微胶囊的制备流程

喷雾干燥技术可将花青素进行包封并提高其稳定性。这种技术的原理是在热风流动中将溶液以细水滴的形式喷射或分散(用喷嘴或旋转圆盘)。当液滴与热空气接触时,水分快速蒸发,瞬间形成微胶囊粉末。喷雾干燥不仅操作简单,还可以封装热敏材料,因为物质在高温下的停留时间极短(小于 30 s)。利用该方法可以获得低水分活度的粉末状微胶囊颗粒,防止微生物生长且便于产品的运输、搬运和储存。喷雾干燥机可用于花青素的包埋实验,该仪器可以调节进口温度,但出口温度会随着进风温度的变化而变化。为了获得较高的包埋效率,需要进行实验设计与优化以寻找最佳的制备工艺条件。进口温度、出口温度和芯壁比对微胶囊的包埋效率、水分活度、稳定性及产量有重要影响。其中,进出口温度与花青素的降解有关。壁材和芯壁比不同,最佳工艺参数也不相同,因为壁材的溶解度、黏度等特性会影响颗粒表面结壳的形成速率。制备花青素微胶囊时可利用响应面建立二次回归模型来对工艺进行优化。

4.1.6.3　花青素微胶囊的壁材

微胶囊封装技术可保护花青素稳定性,延长货架期,是一项很有前景的技术。其中,壁材作为屏障,保护芯材免受氧气、水和温度等环境因素的干扰而发生降解。壁材所具备的一些特点是影响花青素微胶囊理化性质的主要因素,壁材的选择对包埋效率、储存稳定性以及在食品和胃肠道中的释放特性影响较大。由于不同生物活性物质具备不同的特性,所以对壁材的要求不同。制备性能优良微胶囊的关键是壁材的选择。选择微胶囊壁材需要综合考虑芯材和壁材的性质、微胶囊产品的应用性能。制备微胶囊所需的壁材必须满足以下要求：① 具有良好的流动性，易溶解；② 壁材与芯材之间不会发生反应；③ 在制备和贮藏过程中芯材可稳定存在于壁材结构中；④ 成本低；⑤ 符合食品级标准；⑥ 产量大，质量稳定。

利用喷雾干燥所制备的花青素微胶囊，壁材的选择至关重要，因为它决定了微胶囊的包埋效率和稳定性。有许多经商业批准的壁材可用于制备花青素微胶囊，如天然树胶（阿拉伯树胶、海藻酸盐、瓜尔胶等）、蛋白质（乳制品、大豆蛋白、明胶等）、碳水化合物（淀粉、麦芽糊精和纤维素衍生物）以及脂类（蜡、乳化剂）。但并不是所有的生物聚合物都能满足制备微胶囊所需的性能，所以经常使用复合壁材或与抗氧化剂、螯合剂和表面活性剂结合使用。

4.1.6.4　评价花青素微胶囊理化性能的指标

微胶囊的物理性质，如含水量、溶解度和吸湿性会对其存储稳定性产生一定的影响。喷雾干燥条件，如进风温度、出风温度和喷嘴尺寸，也会影响微胶囊的理化性能。除了以上的物理性质，花青素微胶囊的理化性能大致可分为四大类：包埋率、外观形貌、储存稳定性和缓释作用。

（1）包埋率

包埋率是评价微胶囊性能好坏的重要指标，与其缓释性能及应用价值密切相关。通常认为包埋率越高越好，包埋率越高证明壁材能更多更好地包埋住花青素，阻隔了外界环境因素对花青素的影响。同时包埋率也可代表花青素与壁材通过静电或氢键作用而产生的相互作用。通过测定微胶囊表面花青素和总花青素，可计算出包埋率。花青素的含量可通过分光光度法或高效液相色谱法进行测定，但主要的方法是分光光度法（pH 示差法）。该方法快速、简便，在工业上有广泛的应用。但是，这种方法不能得出花青素的组成和每种花青素组分的具体含量。植物中具有多种不同种类的花青素，如越橘和紫甘蓝中分别鉴定出了 15 和 10 种花青素，而每一种花青素与包埋率都具有特殊的相关性。

（2）外观形貌

通常利用扫描电子显微镜或光学显微镜观察微胶囊的形貌，扫描电子显微镜可观察微胶囊形成后的三维立体表观形貌，而光学显微镜可观察微胶囊整个形成过程的二维形态。芯材被壁材所包裹，所以一般情况下只能对微胶囊的表面形态进行观测，无法观察到微胶囊内部结构。而想要了解内部结构，需借助显微镜对破损的微胶囊内部进行观测。通常首选光滑的球体因为它具有更好的稳定性和控释性。为了能够更好地保护花青素，微胶囊的表观形貌应具备大小均匀、表面光滑连续性好、无裂纹或孔洞、无聚集等特点。在花青素包封的过程中，有研究报道微胶囊的表面有不规则的凹陷和褶皱，这些凹痕是干燥过程中颗粒迅速失水造成的，但不会对花青素稳定性产生影响。微胶囊通常分为单芯状微胶囊和多芯状微胶囊。多芯状微胶囊是在每一个大微胶囊内部具有多个小芯核嵌在内部,即形成了多重微胶囊结构。粒径及粒度分布在流动性及产品加工性能等方面起着重要作用,可使用激光粒度仪测定微胶囊的平均粒径及粒度分布。微胶囊粒径一般在 $0.2\sim5\,000\,\mu m$,肉眼难以观察其微观形态。粒径主要受喷嘴尺寸、喷嘴位置、液体输送泵速、雾化压力和溶液浓度的影响。

(3)储存稳定性

花青素进行微胶囊化的目的就是提高花青素的稳定性,防止外界环境因素对其的破坏和降解作用。通过贮藏稳定性的研究,可以预测被包埋的生物活性物质的降解速率。花青素的降解一般遵循一级动力学或二级动力学,有时具有两个一级速率常数。微胶囊贮存稳定性与壁材有较大的相关性,壁材不同贮存稳定性也会有所不同。若微胶囊壁材不能够很好地包裹芯材,会导致芯材降解,降低微胶囊的稳定性。在微胶囊贮存过程中,其稳定性也与外界因素有着紧密的联系,若受外界条件的影响或外界物质与微胶囊的芯材发生反应,会导致花青素生物活性的丧失。花青素微胶囊的贮存条件,如聚合物性质、温度、光照、水分活度等都会影响其稳定性。在贮存过程中,水分活度越高,花青素的降解速率越大。微胶囊的贮存温度对花青素的稳定性也起着重要作用,而花青素的贮存温度与喷雾干燥粉末的玻璃化转变(橡胶-玻璃态转变)温度有关。因此,在贮存期间要尽可能地减少外界环境对微胶囊产品的影响,确保微胶囊产品在应用时能够保持较好的理化品质和生物活性。

(4)缓释作用

微胶囊化后的花青素可以满足人类所需的多酚摄入量。但是,需要进行体外模拟实验以研究其缓释特性。花青素微胶囊体外释放研究表明,包封能够提高花青素的稳定性,并可作为一种给药方法在胃肠道中缓慢释放。体外模拟包括四个阶段:第一阶段为唾液消化阶段,一般在消化液(pH=6.8)中加入唾液淀粉酶来模拟口腔对微胶囊的消化作用;第二阶段为胃液消化阶段,模拟胃对花青素微胶囊的消化吸收程度,在消化液(pH=1.2)中添加胃蛋白酶并振荡 2 h 来模拟胃部消化情况;第三阶段为肠道消化阶段,可以观察花青素微胶囊在肠道的消化情况,一般是在含有胰蛋白酶的消化液(pH=8.1)中,与微胶囊混合 2 h 来模拟肠道消化;第四阶段为胆汁消化阶段(pH=8.1),一般与肠道消化阶段同时进行。壁材会影响微胶囊的释放行为,壁材不同释放特性也会有所不同。Ahmadian[251]分别以麦芽糊精和果胶为壁材制备藏红花花青素微胶囊,在模拟肠道条件下研究微胶囊的缓释作用,研究发现以果胶为壁材的微胶囊释放量更高,这可能是由于果胶在碱性环境中比麦芽糊精更不稳定。

4.1.7 花青素的应用研究

现阶段,人们对广泛应用于食品中的合成色素的安全性总会抱有一些怀疑。而人们对有天然色素之称的花青素,在食物着色方面却是没有任何顾虑,这使得花青素成为最佳的食品着色物质。花青素还可以作为原料用来制作天然抑菌剂和天然抗氧化剂,这是由于其具有抑菌性和抗氧化性。我们平常喝过的饮料,像紫薯牛奶和紫薯酒等,都是以花青素为原料制成的。紫玉米、桑葚、葡萄等很多富含花青素的食物都是非常健康的食物，而且还可以作为原料制备成功能性食品。花青素具有较强的自由基清除能力，所以经常发现一些延缓皮肤衰老的化妆品中都加入了花青素，在西方一些国家，花青素还被冠以"口服的护肤品"的称号。

4.1.8 本章研究目的和意义

红菊苣是海水蔬菜的一种，在生长过程中多用海水进行灌溉，不容易得病生虫，故不需要使用农药进行杀虫，是一种真正的无公害、无污染的生态农产品。加之在涂滩盐碱地种植，故不需要占用耕地。红菊苣产量高，因其具有苦味，人们对其作为蔬菜需求较少。通过对红菊苣中花青素的研究，不仅可以提高海水蔬菜红菊苣资源的利用率，推动海洋经济的发展，而且还可以开发出一种新型的天然色素。

合成色素大多数都是不健康的，尤其是应用于食品中的合成色素，长期下去会严重影响人的健康。更严重的是，有一部分色素在人体内会转变成致癌物质。问题的严重性使人们逐渐地开始期待安全色素，科研领域也开始越来越多地关注起花青素的应用。

本书采用双水相（乙醇-硫酸铵）和超声联合提取技术来提取红菊苣叶中的花青素，通过单因素实验考察乙醇质量分数、硫酸铵质量分数、超声频率、液料比等对花青素提取的影响，并利用 Design Expert 8.0 软件设计 Box-behnken 中心组合实验建立数学模型，以响应面分析优化提取条件，得出理论最佳工艺方案，并结合生产实际得出实际最佳提取条件。同时，以改性淀粉为壁材，制备花青素微胶囊，提高其稳定性，以期为红菊苣相关保健食品的开发提供实验依据。

4.2 实验方法

4.2.1 实验原料

红菊苣全叶采自江苏大丰盐土大地海洋生物产业科技园。全叶经自然晾干后粉碎，并于干燥条件下保存。

4.2.2 药品与试剂

主要药品与试剂见表 4-2。

表 4-2 主要药品与试剂

品名	纯度	生产厂家
矢车菊 3-O-葡萄糖苷	GR	上海纯优生物科技有限公司
硫酸铵	AR	广东翁江化学试剂有限公司
乙醇	AR	无锡市晶科化工有限公司

表 4-2（续）

品名	纯度	生产厂家
氢氧化钠	AR	无锡市晶科化工有限公司
氯化钾	AR	无锡市晶科化工有限公司
乙酸钠	AR	无锡市晶科化工有限公司
溴化钾	AR	无锡市晶科化工有限公司
蒸馏水	实验室自制	

4.2.3 仪器设备

主要仪器设备见表 4-3。

表 4-3 主要仪器设备

仪器名称	生产厂家
RU-1200 型紫外-可见分光光度计	中科瑞捷(天津)科技有限公司
KQ3200DA 型超声波清洗器	上海市百典仪器有限公司
GP-P2000 型喷雾干燥仪	上海顾信生物科技有限公司
CamScan3400 型扫描电镜	英国 CamScan 公司
PerkinElmer Spectrum GX 型傅立叶红外光谱仪	美国 PerkinElmer 公司
101-1AB 恒温干燥箱	天津塞得利斯实验分析仪器制造厂
3-18K 型冷冻高速离心机	德国西格玛公司
FA2604 型分析天平	天津市精拓仪器科技有限公司
I-300 旋转蒸发器	瑞士步琦有限公司

4.2.4 实验方法

4.2.4.1 花青素的提取

参考文献的方法提取红菊苣中的花青素:红菊苣全叶在 50 ℃下干燥,经粉碎后过 60 目筛。称取上述全叶粉末 1.0 g,置于锥形瓶中,加入一定量的乙醇-硫酸铵混合溶液,待形成双水相体系后,放入超声波清洗器中,在一定的超声条件下处理一定的时间,以 8 000 r/min 离心 5 min,收集上相溶液,即得花青素提取液。经旋转蒸发仪浓缩、冷冻干燥后得到红菊苣全叶花青素粉末。

4.2.4.2 花青素含量的测定

采用文献[252]的示差法测定花青素含量。用 2 种缓冲液进行定量,即 pH＝1.0 的氯化钾缓冲液和 pH＝4.5 的乙酸钠缓冲液。花青素待测溶液用相应的缓冲液稀释后,分别在 520 nm 和 700 nm 波长处测定吸光度并利用式(4-1)计算花青素含量：

$$花青素含量=[(A_{520}-A_{700})_{pH\,1.0}-(A_{520}-A_{700})_{pH\,4.5}]\times$$
$$M\times DF\times 10^3\times V/(\varepsilon\times m\times L)$$

式中，A_{520}、A_{700} 分别表示 520、700 nm 波长处的吸光度；M 为相对分子质量为 449.2 g/mol；DF 为稀释倍数；V 为待测液体积，L；ε 为消光系数，26 900 L/(mol·cm)；m 为样品质量，g；L 为比色皿距离，1 cm。

4.2.4.3 单因素实验初步筛选红菊苣叶中花青素提取工艺

在预实验中，发现乙醇质量分数、硫酸铵[$(NH_4)_2SO_4$]质量分数、超声频率、液料比等 4 个因素对红菊苣叶中花青素含量影响较大，故以乙醇质量分数[22%、24%、26%、28%、30%、32%（含 0.1%的盐酸）]、$(NH_4)_2SO_4$ 质量分数(18%、20%、22%、24%、26%、28%)、超声频率(25、30、35、40、45、50 kHz)、液料比[10∶1、15∶1、20∶1、25∶1、30∶1、35∶1(mg/L)，下同]进行单因素试验，上一单因素实验结束后，选择其最优值进行下一单因素实验，每个试验平行 3 次，以研究各因素对花青素的影响。

4.2.4.4 响应面实验

根据单因素条件实验考察乙醇质量分数、硫酸铵质量分数、超声频率、液料比 4 个因素对红菊苣中花青素含量提取的影响，利用 Design Expert 8.0 软件设计 Box-behnken 中心组合试验建立数学模型，进行响应面分析优化提取条件。

4.2.4.5 花青素微胶囊的制备

壁材和芯材分别为改性淀粉和红菊苣花青素，方法为喷雾干燥法。在对红菊苣提取物进行喷雾干燥时，入口空气温度为 140～180 ℃，进样泵速为 6%～14%。

4.2.4.6 红菊苣花青素微胶囊理化性质分析

（1）红外光谱分析

分别称取红菊苣花青素、改性淀粉、花青素微胶囊各 2 mg，在研磨压片前需加入 100 mg 溴化钾，将温度设置为 105 ℃进行烘干处理，然后采用傅立叶红外光谱仪进行扫描分析。

（2）微胶囊形貌

将一层导电胶带贴于样品架上，然后将微胶囊均匀平铺在导电胶带上，在上面喷洒一层薄金后，用扫描电镜观察微胶囊的微观形貌。测量条件为电压 15 000 V，放大倍数 10 000 倍。

4.1.4.7 数据处理方法

单因素实验中，每个实验平行 3 次。响应面实验中，采用 Design Expert 8.0 软件对数据进行统计分析，并采用 Origin 8.6 软件作图。

4.3 结果与讨论

4.3.1 单因素实验结果分析

4.3.1.1 乙醇质量分数的影响

固定$(NH_4)_2SO_4$质量分数为22%、液料比为30∶1、超声波频率为35 kHz、超声时间为40 min,分别加入质量分数为22%、24%、26%、28%、30%、32%(含0.1%的盐酸,下同)的乙醇,提取并计算花青素含量,结果见图4-3(a)。由图4-3(a)可知,当乙醇质量分数在22%~26%范围内,花青素含量会随着乙醇质量分数的增加而明显升高,根据相似相溶原理,当乙醇质量分数达到26%时,花青素含量达到最高值,原因可能是这时溶剂的极性与红菊苣花青素极性最为接近,这与López等[253]的研究结果是一致的。但是当乙醇质量分数继续升高时,花青素的含量并没有明显变化;同时,本研究也发现,提取液中高质量分数的乙醇并不利于花青素后期的冷冻干燥。因此,在后续提取参数优化实验中选择乙醇质量分数24%、26%、28%作为该因素的3个实验水平。

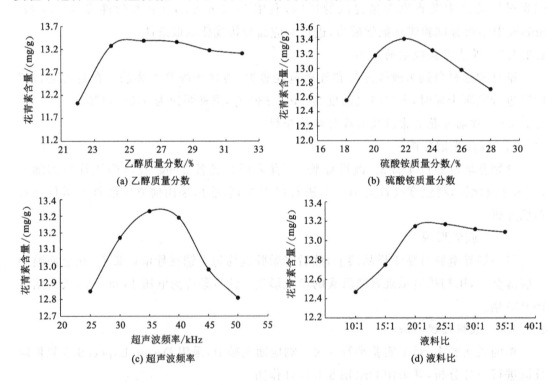

图4-3 各因素对红菊苣花青素提取量的影响

4.3.1.2 $(NH_4)_2SO_4$质量分数的影响

固定乙醇质量分数为26%、液料比为30∶1、超声波频率为35 kHz、超声时间为40

min,分别加入质量分数为 18%、20%、22%、24%、26%、28%(NH_4)$_2$$SO_4$溶液,计算提取液中花青素的含量,结果见图 4-3(b)。由图 4-3(b)可知,随着其质量分数的升高,提取液中的花青素含量呈先上升后下降的趋势,在(NH_4)$_2$$SO_4$质量分数达到 22%时花青素的提取量达到最大。这是因为当(NH_4)$_2$$SO_4$质量分数较低时,其质量分数的提高有利于增强($NH_4$)$_2$$SO_4$争夺水分子的能力,从而导致上相溶液中水分子数目的减少和乙醇质量分数的增加,很大程度上增大了上相溶液的极性,最终使得花青素比较容易溶出,因此提取量会逐渐增大。但是当花青素含量超出该体系所能萃取的量时,上相溶液达到过饱和状态,多余的花青素反而会因为过饱和而转移到下相,导致花青素提取率下降[254]。因此,在后续提取参数优化实验中选择(NH_4)$_2$$SO_4$质量分数 20%、22%、24%作为该因素的 3 个实验水平。

4.3.1.3　超声波频率的影响

固定乙醇质量分数为 26%、(NH_4)$_2$$SO_4$质量分数为 22%、料液比为 1:30、超声时间为 40 min,分别调整超声波频率为 25 kHz、30 kHz、35 kHz、40 kHz、45 kHz、50 kHz,计算提取液中花青素的含量,结果见图 4-3(c)。由图 4-3(c)可知,随着超声波频率的增大,花青素的提取效率呈先升高后降低的趋势,当超声波频率达到 35 kHz 时,花青素的提取量达到最大。主要原因在于适当地提高超声波频率,能够促进组织中细胞的破裂,使得溶剂有利于渗透到植物组织内部,使细胞中的花青素成分进入提取剂中,加速相互渗透、溶解,以增加花青素在提取剂中的溶解度;而当超声波处于高频波段时,反而对花青素有一定的破坏作用,从而导致提取率的降低[255]。因此,在后续提取参数优化实验中选择超声波频率 30 kHz、35 kHz、40 kHz 作为该因素的 3 个实验水平。

4.3.1.4　液料比的影响

固定乙醇质量分数为 26%、(NH_4)$_2$$SO_4$质量分数为 22%、超声波频率为 35 kHz、超声时间为 40 min,分别调整液料比为 10:1、15:1、20:1、25:1、30:1、35:1,计算提取液中花青素的含量,结果见图 4-3(d)。由 4-3(d)可知,随着料液比的改变,花青素含量呈先升高后降低的趋势。其原因可能是当液料比达 25:1 时,红菊苣中的花青素已提取完全,随后再增加液料比反而会使花青素的浓度降低。在利用溶剂法提取的试验过程中,溶剂体积比例高有利于固体基质的提取,但在实际生产中,由于后续工序需要对溶剂的蒸发而耗费较多的能源,所以仅仅从产品提取率来选择料液比是不全面的[256]。因此,在后续提取参数优化实验中选择液料比 20:1、25:1、30:1 作为该因素的 3 个实验水平。

4.3.2　响应面实验优化花青素提取工艺

根据单因素实验结果,以花青素含量为评价指标,以乙醇质量分数(X_1)、(NH_4)$_2$$SO_4$质量分数($X_2$)、超声波频率($X_3$)、液料比($X_4$)为考察因素,利用 Design Expert 8.0 软件设计 Box-behnken 中心组合试验建立数学模型,进行响应面分析优化提取条件,具体的实验因素及水平见表 4-4,实验方案及结果见表 4-5。利用 Design Expert

8.0 软件对实验结果进行拟合,得到的拟合方程为 $Y_1 = 14.35 + 0.31X_1 + 0.18X_2 + 0.17X_3 + 0.27X_4 + 0.043X_1X_2 + 0.42X_1X_3 - 0.14X_1X_4 + 0.053X_2X_3 + 0.33X_2X_4 + 0.25X_3X_3 - 1.32X_1^2 - 0.84X_2^2 - 0.74X_3^2 - 0.34X_4^2$。对其进行方差分析,结果见表 4-6。

表 4-4　Box-Behnken 中心组合实验因素及水平

水平	X_1/%	X_2/%	X_3/kHz	X_4/(mL/g)
1	24	20	30	20:1
2	26	22	35	25:1
3	28	24	40	30:1

表 4-5　Box-Behnken 中心组合实验方案及结果

实验号	X_1/%	X_2/%	X_3/kHz	X_4/(mL/g)	花青素含量/(μg/g)
1	28	22	35	20	12.84
2	24	22	40	25	11.68
3	26	20	30	25	12.47
4	26	22	30	20	13.06
5	24	22	35	30	12.88
6	26	22	30	30	13.06
7	28	20	35	25	12.26
8	24	20	35	25	11.76
9	26	24	40	25	13.22
10	26	22	35	25	14.35
11	26	20	35	30	12.88
12	28	22	30	25	12.04
13	26	22	35	25	14.38
14	26	20	40	25	12.71
15	28	22	35	30	13.19
16	24	22	35	20	11.98
17	24	24	35	25	11.96
18	26	22	40	30	13.90
19	26	22	35	25	14.31
20	26	22	40	20	12.90
21	24	22	30	25	12.18
22	28	24	35	25	12.63
23	26	24	30	25	12.77
24	28	22	40	25	13.23

表 4-5(续)

实验号	$X_1/\%$	$X_2/\%$	X_3/kHz	$X_4/(mL/g)$	花青素含量/$(\mu g/g)$
25	26	20	35	20	13.04
26	26	24	35	30	13.95
27	26	24	35	20	12.78

由表 4-6 中失拟项的 P 值(0.226 5)大于 0.05 可知,失拟项不显著,说明方程和实验拟合较好,对模型是有利的,可用该模型方程代替真实点对实验结果进行分析;该模型的 P 值小于 0.000 1,各因素与花青素含量的线性关系较好(R^2=0.996 8),校正决定系数(R_{adj}^2)为 0.993 0,变性系数为 0.50%,说明该模型的拟合度较好。通过分析表 4-7 中的 F 值可知各因素对红菊苣中花青素提取率的影响依次是:X_1(乙醇质量分数)>X_4(液料比)>X_2[$(NH_4)_2SO_4$ 质量分数]>X_3(超声波频率)。此外,一次项 X_1、X_2、X_3、X_4,交互项 X_1X_3、X_1X_4、X_2X_4、X_3X_4,二次项 X_1^2、X_2^2、X_3^2、X_4^2 对花青素含量的影响较显著($P<0.01$)。

表 4-6 响应面模型方差分析

方差来源	自由度	偏差平方和	均方和	F 值	P
模型	14	15.22	1.09	264.67	<0.000 1
X_1	1	1.17	1.17	285.39	<0.000 1
X_2	1	0.40	0.40	97.33	<0.000 1
X_3	1	0.35	0.35	86.12	<0.000 1
X_4	1	0.89	0.89	215.68	<0.000 1
X_1X_2	1	0.007 2	0.007 2	1.76	0.209 4
X_1X_3	1	0.71	0.71	173.89	<0.000 1
X_1X_4	1	0.076	0.076	18.42	0.001 0
X_2X_3	1	0.011	0.011	2.68	0.127 2
X_2X_4	1	0.44	0.44	107.70	<0.000 1
X_3X_4	1	0.25	0.25	60.88	<0.000 1
X_1^2	1	9.27	9.27	2257.38	<0.000 1
X_2^2	1	3.79	3.79	923.74	<0.000 1
X_3^2	1	2.96	2.96	720.08	<0.000 1
X_4^2	1	0.62	0.62	149.78	<0.000 1
残差	12	0.049	0.004 1		
失拟项	10	0.047	0.004 9	3.80	0.226 5
纯误差	2	0.002 5	0.001 2		
总变异	26	15.26			

为进一步评价各因素间的交互作用对花青素含量的影响,本研究采用 Design Expert 8.0 软件绘制 3D 响应面图和 2D 等高线图,结果见图 4-4。

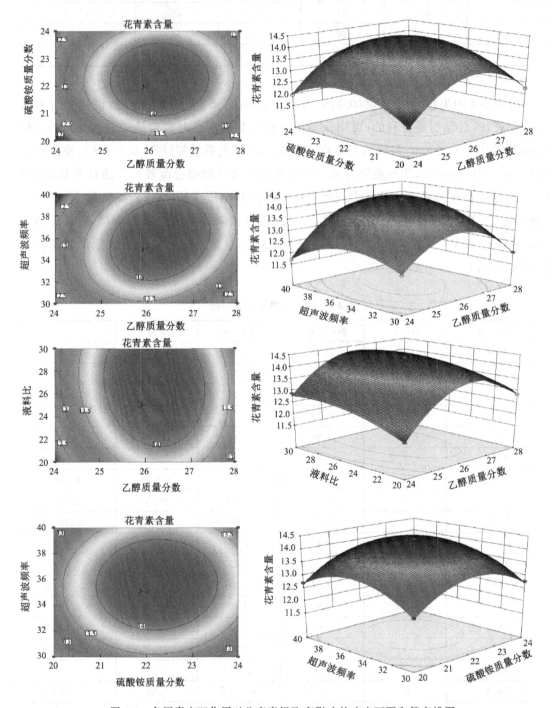

图 4-4　各因素交互作用对花青素提取率影响的响应面图和等高线图

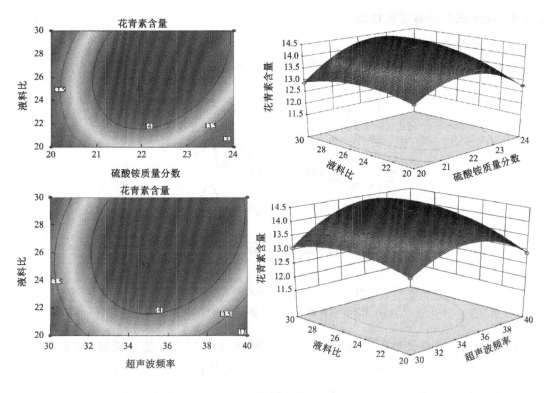

图 4-4(续)

由图 4-4 可知,乙醇质量分数和 $(NH_4)_2SO_4$ 质量分数、$(NH_4)_2SO_4$ 质量分数和超声波频率的二维等高线图接近圆形,说明其交互作用影响不显著;而乙醇质量分数和超声波频率、$(NH_4)_2SO_4$ 质量分数和液料比、超声波频率和液料比、乙醇质量分数和液料比的二维等高线图为椭圆形,说明其交互作用影响显著,跟方差分析的结果一致。

4.3.3 最优提取工艺的确定与验证实验

利用 Design Expert 8.0 软件进行分析计算,得到双水相-超声技术提取花青素理论最优工艺如下:乙醇质量分数为 26.07%、$(NH_4)_2SO_4$ 质量分数为 22.05%、超声波频率为 35.87 kHz、液料比为 25.96∶1(mL/g),在此条件下红菊苣叶中总花青素的理论含量为 14.35 μg/g。结合方差分析结果和实际操作,本研究确定最优提取工艺如下:乙醇质量分数为 26%、$(NH_4)_2SO_4$ 质量分数为 22%、超声波频率为 36 kHz、液料比为 26∶1(mL/g)。

按照上述最佳提取工艺进行验证实验,平行提取 3 次,测得花青素的平均含量为 14.33 μg/g,相对标准偏差(relative standard deviation,RSD)为 0.61%(n=3),与理论值的相对误差小于 1%,表明该模型可较好地反映红菊苣中花青素的双水相-超声技术联合提取条件的情况。

4.3.4 花青素微胶囊理化性质分析

4.3.4.1 红外光谱分析

红菊苣花青素、改性淀粉、花青素微胶囊的红外光谱图结果见图 4-5。

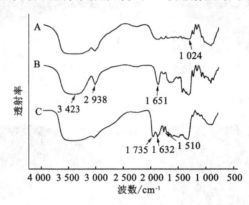

图 4-5 花青素微胶囊红外光谱图

注：A.花青素微胶囊；B.改性淀粉；C.红菊苣花青素。

由红菊苣花青素红外光谱图（图 4-5 中 C）可知，$1\ 735\ cm^{-1}$ 处是碳氧键（苯并吡喃环中的 C═O）的振动吸收峰，该吸收峰是花青素的骨架特征峰[257]。位于 $1\ 632\ cm^{-1}$ 处为苯环中碳碳双键（C═C）的伸缩振动峰，而花青素中 2 个苯环的变形振动引起的峰出现在 $1\ 510\ cm^{-1}$ 处。花青素微胶囊的红外光谱图如图 4-5 中 A 所示，图中的这些峰为矢车菊素-3-葡萄糖苷和矢车菊-3-半乳糖苷的特征峰，其中 $1\ 024\ cm^{-1}$ 处的吸收峰属于晶态样品特征峰。改性淀粉的红外光谱如图 4-5 中 B 所示，$1\ 651\ cm^{-1}$ 处的吸收峰应该是由碳碳单键（C—C）的拉伸引起的，$3\ 423\ cm^{-1}$ 处是羟基（—OH）吸收峰，$2\ 938\ cm^{-1}$ 处的尖峰应该是由碳氢键（C—H）的拉伸振动引起的[258]。有研究发现，芯材包埋前后在红外光谱区会出现不同的吸收峰，可以利用这些特征峰的差异来表征是否形成包埋物。如果形成包埋物，芯、壁材分子间的非共价键作用会减弱分子间的键能，体现在红外光谱中相应基团的吸收强度也减弱，依此来表征芯、壁材分子是否产生了包埋作用[259]。比较图 4-5 中 A、C 可以看出，花青素微胶囊的红外光谱中吸收峰强度相比花青素的吸收峰强度有所减弱，这表明花青素进入了微胶囊内腔，证明包埋成功。

4.3.4.2 微胶囊形貌

花青素微胶囊形貌扫描电镜图如图 4-6 所示。由图 4-6 可知，花青素微胶囊外观呈球状，未见颗粒聚集，整体饱满、充实、完整，表面光滑连续，均未发现裂纹或孔洞，这与 Kanakdande 等[260] 的研究是一致的，表明改性淀粉用作包埋红菊苣花青素的壁材，可以起到很好的支撑作用，更增加了花青素的稳定性。

图 4-6　花青素微胶囊形貌的扫描电镜图

注:放大倍数为 10 000 倍。

4.4　本章小结

本章采用响应面法优化红菊苣花青素的提取工艺,得出理论最佳工艺为乙醇质量分数为 26%、(NH₄)₂SO₄ 质量分数为 22%、超声波频率为 36 kHz、液料比为 26∶1 (mL/g)时,花青素提取率可达到最高。按照上述最佳提取工艺进行验证实验,平行提取 3 次,测得花青素的平均含量为 14.33 $\mu g/g$。比文献中超声辅助乙醇提取红菊苣中花青素的平均含量 9.09 $\mu g/g$ 有了大幅度的提升。

花青素微胶囊的红外光谱分析和微观形貌观察显示,花青素微胶囊红外光谱中花青素吸收峰强度有所减弱,表明花青素进入了微胶囊内腔,证明包埋成功;微胶囊的形貌为圆球状,表面无孔洞和裂纹,表明改性淀粉用作包埋红菊苣花青素的壁材,可以起到很好的支撑作用。这为红菊苣叶中花青素的提取及进一步利用提供了依据,为大规模开发盐生植物提供了有效理论支撑。

5 海蓬子籽油中亚油酸的提取及纯化研究

>>>

5.1 研究背景

5.1.1 海蓬子简介

海蓬子，又称海芦笋、海豆、海鹿茸、海虫草、富贵菜等，为藜科盐角草属，该属在全世界大约有 50 个种。海蓬子属于肉质化真盐生植物，一般生长于盐沼地、盐湖旁及海滩，原产于欧洲和北美等地，为了改良沿海荒滩涂盐碱地我国引种了海蓬子。目前，海蓬子在我国东南部沿海地区已试种成功，并开始成片栽培。海蓬子是碱性作物，利用天然海水灌溉种植，不用施农药、化肥，是一种无公害的绿色新型海水蔬菜。海蓬子富含多种营养成分和活性物质，具有多种生物活性，除作为蔬菜之外，还具有药用和保健价值，可以用于治疗癌症、糖尿病、肥胖症和便秘等多种疾病。

5.1.1.1 海蓬子生物学特性

海蓬子为一年生双子叶草本植物，高 20～40 cm，生长后期茎木质化。茎直立，多分枝，分枝对生，枝肉质，有节，呈绿色或紫红色。叶片退化成鳞片状，对生，长约 1.5 mm，基部连合成鞘状，边缘膜质。花序穗状，顶生，圆柱状。花小，两性，花被合成袋型，花后膨大，缘扩大成翼状，结果时发育如海绵组织。每 3 个单花集成一簇，中央单花高于两周边花，呈三角形排列。所有单花均着生于紧密排列的肉质苞腋内，外观似花嵌入花序轴内。花两性，雌蕊 1 枚，雄蕊 2 枚。花被与子房离生。胞果卵形到长圆形，包在蓬松的花被内。种子直立，卵形到长圆形，成熟时易脱落，种子繁殖。

海蓬子耐盐碱,喜温暖、潮湿的环境,不耐旱,可种植在海滩盐碱地、盐沼地或轻质沙土地,用海水直接灌溉,也可混灌淡水并可施尿素、磷铵、硝酸铵等氮肥。海蓬子对气候的要求不高,夜间温度在 5 ℃,白天温度在 12～15 ℃ 即可自然生长。一般 2 月上旬至 3 月中旬播种,7 月中下旬开花,10～11 月成熟,大部分果穗由绿变黄时即可收获,全生育期 270 天左右。海蓬子特别适合于我国亚热带海滨地区生长。

海蓬子主要品种有欧洲海蓬子和北美海蓬子(又称比吉洛氏海蓬子)。欧洲海蓬子在我国辽宁、河北、山西、陕西、宁夏、甘肃、山东、江苏等省区都有出产,海蓬子一般生长于盐沼地、盐湖旁及海滩。比吉洛氏海蓬子原产美国西部海滨,后经亚利桑那大学培育、改良,抗盐能力很强,可以用海水直接灌溉,目前新品种已在墨西哥、印度、以色列试种成功,在我国东南部沿海地区也开始成片试种。

5.1.1.2 海蓬子的成分

海蓬子的基本成分见表 5-1。在海蓬子干物质中,碳水化合物的含量最大,其次是灰分,蛋白质、脂肪、纤维的含量相对较少。海蓬子的粗脂肪、粗蛋白含量比豆类种子的高,其饱和脂肪酸的比例高于大豆的。其植株地上部分的灰分含量较低,但整株的粗灰分含量很高。与禾本科饲料作物相比较,海蓬子的粗纤维含量较低,而粗蛋白含量较高。海蓬子含有八种人体必需氨基酸,谷氨酸、精氨酸含量丰富,但缺乏含硫氨基酸[261]。根据海蓬子生物体化学元素组分的测定,各主要成分含量排序为:Cl＞Na＞N＞K,可溶性盐分含量高达 37% 左右,为典型盐生植物。

表 5-1 海蓬子基本成分   单位:%

水分	蛋白质	脂肪	碳水化合物	粗纤维	灰分
88.42	1.54	0.37	4.48	0.83	4.36

海蓬子含有非常丰富的矿物元素,如钠、钾、钙、镁、锌、铁、钙等,而微量有害元素的含量都在国家标准范围内。因其生长在盐碱地带,故其干粉中钾、钠元素含量较高,但它们并不干扰其他元素的测定。海蓬子中含有丰富的胡萝卜素,其含量超过普通蔬菜的 40 倍,维生素 C 的含量也非常丰富,是大白菜的 2 倍。经测定,海蓬子的叶绿素成分与菠菜极为相似,两者都含有叶绿素 a 和叶绿素 b 以及其他黄色物质,如胡萝卜素、叶黄素等,海蓬子叶绿素总含量达 0.75 mg/g。

海蓬子种子粗蛋白含量远高于大豆、花生,略高于红花子,达到 40% 以上。海蓬子种子脂肪含量大大高于大豆,与红花子种子接近;其氨基酸成分较齐全,其中多种氨基酸含量高于鸡蛋。种子中含油量达到 31.1%,所得油脂主要由亚油酸(75.62%)、油酸(13.04%)、棕榈酸(7.02%)、亚麻酸(2.63%)、硬脂酸(2.37%)等组成。其组成与红花油中脂肪酸的组成十分接近。

5.1.2 海蓬子的应用

海蓬子具有很高的利用价值,除了能改良土壤外,还能改善环境,可以大量吸收

CO_2，每公顷能固碳 5.2 t。而且，海蓬子的全身都是宝，比如说它的嫩尖可以当蔬菜食用，它的种子可以榨油，它的秸秆可以压制成高强耐腐蚀的阻燃的一种很好的板材等。

5.1.2.1 蔬菜

在欧美，由于海蓬子具有极高营养保健价值和社会生态价值，海蓬子已成为西方美食家眼中的一道鲜美多汁、咸咸脆脆的美食极品。在我国，经过多年的选育、驯化，海蓬子已经撕掉"舶来品"的标签，成为拥有我国自主知识产权的作物新品种，一种新型海水蔬菜。海蓬子嫩尖是一道海洋风味的营养保健蔬菜，有植物海鲜、海洋芦笋和海大豆等别称，在我国的商品名称为"西洋海笋"。海蓬子蔬菜色如翡翠、状似珊瑚、口感脆嫩，有独特鲜美的海鲜风味。海蓬子嫩尖富含维生素和矿质元素如钠、钾、钙、镁，以及多种人体所必需的微量元素如碘、铁、铜、锌、锰等。此外，海蓬子嫩尖含有微量的皂角甙，对于降低血管壁上的胆固醇的活性具有明显作用，在欧洲，海蓬子被用作治疗肥胖症的传统草药。

海蓬子蔬菜的生产由于利用盐碱地和全海水，病害比较少，生产过程可以杜绝使用化学农药和化学肥料，符合有机蔬菜生产要求，而且是由野生耐盐植物驯化而来的非转基因蔬菜，是全生态概念的安全蔬菜。除了新鲜蔬菜外，目前世界上已经陆续出现许多海蓬子蔬菜的加工产品，如海蓬子腌渍蔬菜、海蓬子罐头制品、海蓬子粉等，其具有储藏时间长、运输方便的特点，这也是发展海蓬子蔬菜资源的重要方向。

5.1.2.2 食用油

海蓬子籽富含油分，含油量高达 26%～33%，是一种可以利用海水灌溉的油料作物。海蓬子籽油含不饱和脂肪酸（PUFA）和单不饱和脂肪酸（MKFA），两者含量分别达到 75.62% 与 14.16%，总的不饱和脂肪酸（UFA）含量高达 89.78%。脂肪酸组成较为优秀，主要是亚油酸、油酸、亚麻酸、棕榈酸和硬脂酸，它们占脂肪酸总量的 93% 以上。其中有人体必需脂肪酸——亚油酸、亚麻酸，两者含量为 75.78%，特别是亚油酸的含量达 72.99%，比一般的食用油脂中亚油酸含量高得多，比玉米油中亚油酸含量（54.3%）和葵花籽油中亚油酸含量（68.2%）还高，与红花油中亚油酸含量（76.6%）相近。海蓬子籽油的各项理化指标也非常优良，密度（30 ℃）0.91 g/mL、折射率（40 ℃）1.473、比色指数 11.19、碘值 127、皂化值 192、维生素 E 200 mg/kg[262]。产油量是衡量油料作物生产力的重要指标，为单位面积种子产量与含油量之积。以全海水浇灌的海蓬子，每公顷产油量可达 0.58 t 左右，显著高于大豆及棉花子的产油量，与红花子相近。

海蓬子籽油中富含的亚油酸，是人体生理代谢过程中不可缺少的物质，是人体必需脂肪酸，具有重要的生理功能，人体自身不能合成，必须依靠食物摄入。同时，海蓬子种子油中含量比较高的亚麻酸，是人体前列腺素合成的前体物质。以亚油酸为原料，应用化学转化方法制备和合成共轭亚油酸（CLA）。亚油酸转化为共轭亚油酸的转化率达到 86.07%，共轭亚油酸含量将近 70%。共轭亚油酸作为一种新发现的营养素，是一系列普遍存在于人和动物体内的营养物质。大量的科学研究证明，共轭亚油酸具有抗肿瘤、抗氧化、降低动物和人体胆固醇以及甘油三酯和低密度脂蛋白胆固醇等多种重要生理功能。海蓬子籽油的品质优于传统的食用植物油,是非常理想的新型保健植物油。海蓬子籽油具有优良的抗氧化、抗衰老功能。海蓬子籽油的深加工产品具有神奇的医疗效果,可提高人体免疫力,对减肥、治疗心脑血管疾病有特效,并对乳腺癌和卵巢癌等有辅助治疗作用。

5.1.2.3　饲料

种植海蓬子有助于满足盐碱和干旱严重地区对饲料的需求。海蓬子榨油后的饼粕含粗蛋白 43.5%、粗纤维 7.6%、灰分 8.7%,并且其氨基酸成分较齐全,是一种良好的动物蛋白饲料,可作为高营养成分的家禽、家畜饲料或饲料添加剂。海蓬子饼粕中存在的主要抗营养因子为皂角甙,皂角甙是一种苦味的化学物质,影响海蓬子饼粕的动物适口性,但可以通过一定方法除去,如添加胆固醇、用 NaOH 溶液浸洗或合理调节添加剂量等方法。

除海蓬子饼粕可用作动物的蛋白精饲料外,海蓬子青枝或秸秆都可用作青饲料。在海水灌溉条件下,若栽培海蓬子作为饲草作物,可产青草 20 t/hm² 以上,与淡水灌溉的传统饲草作物产量相近。海蓬子青饲其粗蛋白含量占干重的 8.5%~12%,与传统饲草罗得氏草和紫花苜蓿等的蛋白质含量相当。海蓬子秸秆中的粗蛋白有所降低,其含量为 5.5%~6.5%,但它的代谢能仍能达到 7 624.32 kJ/kg,与传统的罗得氏草的代谢能 8 318.2 kJ/kg,没有显著差异。此外,海蓬子青饲中不易消化的粗纤维成分——木质素含量较低,在 5%~6% 之间。将海蓬子按 10%~30% 的比例掺进饲料,或完全替代麦秸,喂养牛、羊等家畜,家畜粪便处理后,返还海蓬子大田生产作为有机肥料,从而达到良性循环利用的目的。据专家计算,每 1 hm² 海蓬子青饲料可喂养大约 400 头羔羊,所以,栽培海蓬子作为饲料作物可以解决因淡水资源短缺而限制牧草生产的问题。

5.1.2.4　生物盐

生物盐,全称生物源平衡健康盐,是指以食用海洋植物或食用陆地海水浇灌蔬菜为原料,按照一定比例混合,经一定工艺提取加工而成的低钠、富钾并含有多种人体必需的矿质元素和微量元素的新型食用盐品种。

生物盐是近些年在国际上出现,并逐渐蓬勃发展的一个新型的食盐类型。生物盐完全以植物为原料,区别于传统意义上的海湖盐和井矿盐,这是生物盐的重要特点。用于生产生物盐的植物原料必须具备三个条件:① 植物本身具有悠久的食用历史,无任何毒副作用;② 植物非常耐盐,能够在重盐度环境下,甚至在海水中或者陆地海水灌溉条件下生长;③ 植物体内能够积累足够多的矿物质成分,并且矿物质比例均衡,满足生物盐的基本成分要求。

根据资料,截至目前,已经发现世界上最能满足生产生物盐条件的植物当属海蓬子和一些海洋藻类植物,国际上先后出现的一些生物盐产品基本上都是以海蓬子为主要原料,再辅以一些海洋藻类植物。海蓬子的青枝和收获种子后的秸秆都可以用来生产生物盐产品,因此,生产生物盐是毕氏海蓬子的重要经济用途之一。从海蓬子综合利用角度,在生产海水蔬菜和海蓬子籽油的同时,利用秸秆生产生物盐一方面给生产者提供经济效益,另一方面促进生物资源的充分利用和减少农业废弃物带来的环境压力。

5.1.2.5 其他方面的应用

除了以上一些应用以外,国内外也对海蓬子的其他价值进行了研究。利用海蓬子籽油进行生物柴油的生产,可以充分利用广阔的盐碱地和滩涂,同时,节约宝贵的淡水资源。海蓬子秸秆富含硅质,皮硬质韧,抗折强度大,是压制人造板的好材料,可作为装饰板、隔音阻燃板、内墙板、家具板等。用海蓬子制作的密度板,由于材料性能优于其他作物纤维人造板,市场前景非常广阔。种植海蓬子可亩产秸秆 1 200 kg,能制板材 40 张。利用海蓬子籽油中磷脂的特殊乳化性质,开发海蓬子润肤系列化妆品,对于滋润皮肤,防止皮肤干燥、皱缩具有较好的效果。

此外,海蓬子可以吸收土壤中的盐分,其根、茎又可增加盐渍地、滩涂荒地的腐殖质,具有改良盐碱地的重要作用;可促淤造陆,减缓海水对海岸土地的侵蚀和土壤流失;可一定程度上减轻工业和养殖业对沿海滩涂和近海造成的污染;并能大量吸收 CO_2,减轻温室效应,改善生态环境,增加生物多样性,维护生态平衡;而且,还可固沙防风,达到维护生态平衡的作用。同时,海蓬子的种植对于节约淡水资源和耕地资源具有十分重要的意义。因此,海蓬子对于当地的生态经济产业的发展具有重要的促进作用。

5.1.3 海蓬子生物活性

海蓬子是一种比较流行的治疗各种肠道疾病的药用植物,譬如腹泻、便秘等。此外,该种植物已经用于治疗一些炎症,如肾炎和肝炎。最近的研究也显著说明海蓬子对糖尿病、肥胖症和高血脂的治疗和调节具有一定的作用。根据各种药理研究,海蓬子的主要活性是它的抗氧化、抗菌、抗炎和抗增殖作用。

5.1.3.1 抗氧化活性

抗氧化系指抵抗氧化的作用,使细胞免受自由基的损伤,或者称为抵抗人体因氧化物质即氧自由基引起的心脑血管病、糖尿病、肿瘤、骨关节病、老年痴呆等老化性慢性疾病的作用过程,从而发挥抗氧化、抗衰老作用。抗氧化剂指其浓度比可被氧化的底物浓度低,而又能显著抑制或阻止这种底物被氧化的任何物质。目前合成食品抗氧化剂如丁基羟基茴香醚(BHA)等仍广泛应用于油脂食品,但同时人们也非常关注这类合成抗氧化剂的毒副作用。因此,在天然食材中寻找安全天然抗氧化物质一直是研究热点。

海蓬子的多种提取物都具有抗氧化活性。Jang 等[263]通过研究发现,酶处理海蓬子的水提取物具有比较显著的抗氧化作用,约为 VE 的 1.08 倍,是一种天然的抗氧化剂。酶处理海蓬子的甲醇提取物具有比较显著的抗血栓作用。Rhee 等[264]对海蓬子的正己烷、氯仿、乙酸乙酯、正丁醇、甲醇、水萃取的抗氧化活性进行研究,结果发现海蓬子乙酸乙酯和正丁醇萃取物的抗氧化活性比较大,而乙酸乙酯萃取物抗氧化活性略大于与正丁醇萃取物。陈美珍等[265]通过测定海蓬子水提物、醇提物及海蓬子粗多糖和精多糖还原能力以及对羟自由基(·OH)和超氧阴离子自由基(O_2^-·)的清除能力,研究了海蓬子提取物的抗氧化活性。结果表明:海蓬子水提物、醇提物和多糖对·OH 都有较强的清除作用,但清除能力均低于对照物 VC;在相同浓度下,各提取物的还原能力和对·OH 的清除能力呈相同趋势,均是海蓬子水提物较醇提物强,粗多糖较精多糖强。但海蓬子水提物和多糖在实验所选浓度范围内,对邻苯三酚自氧化没有抑制作用,而醇提物显示出一定的抑制活性。

目前,研究的海蓬子的抗氧化活性成分主要为黄酮类和绿原酸类。Kong 等[266]的研究结果表明,从海蓬子提取的异鼠李素-3-O-β-D-吡喃葡萄糖苷在预防活性氧诱导的细胞损伤上有疗效,是一种正在开发的潜在的和应激氧化相关的天然抗氧化剂。Kim 等[267]研究了海蓬子提取物异鼠李素 3-O-β-D-吡喃葡萄糖苷的抗氧化活性,表明其对各种自由基(·OH、O_2^-·、DPPH 等)都有一定清除作用,是一种潜在的抗氧化剂。Kim 等[268]从海蓬子提取到两种新的抗氧化活性成分[异槲皮苷-6-O-草酸二甲酯(6)和甲基-4-咖啡酰-3-二氢咖啡酰奎宁酸(7)],和其他六种已有的抗氧化活性成分[3,5-二咖啡酰奎宁酸(1)、槲皮素-3-O-β-葡萄糖苷(2)、3-咖啡酰-4-二氢咖啡酰奎宁酸(3)、甲基-3,5-二咖啡酰奎尼酸(4)、3,4-二咖啡酰奎宁酸(5),异鼠李素 3-O-β-D-葡萄糖苷(8)],并对它们的抗氧化活性进行研究,发现化合物(1)、(2)、(3)、(4)、(5)、(6)、(7)在对 DPPH 清除能力、抑制铜离子诱导大鼠血浆氧化形成过程中胆固醇酯过氧化物的形成的活性是相似的,而化合物(8)抗氧化活性略小于其他化合物。Hwang 等[269]研究发现 3-咖啡酰-4-二氢咖啡酰奎宁酸(CDCQ)对叔丁基过氧化氢引起的氧化伤害有保护作用。顾婕等[270]用乙醇提取工艺,对影响黄酮提取率的主要因素进行分析,用正交实验法确定海蓬子中总黄酮的提取工艺。最佳提取工艺条件为:乙醇浓度 70%,提取时间 120 min,固液比 1:100(g:mL),提取温度 80 ℃。在该条件下,海蓬子总黄酮得率为 2.86%。徐青等[271]研究了 D101 型和 AB-8 型两种大孔吸附树脂对海芦笋中黄酮类化合物的静态吸附与解吸性能,筛选出 AB-8 型大孔吸附树脂用于分离纯化海蓬子中的黄酮类化合物。以对黄酮的吸附和洗脱性能为考察指标,确定 AB-8 型大孔树脂分离纯化海蓬子黄酮类化合物的最佳工艺条件为进样质量浓度 0.5 mg/mL、pH＝6、进样速率 1 mL/min 进行吸附;用 75%乙醇溶液、2 mL/min 洗脱速率进行洗脱,洗脱率达到 85.25%。此工艺操作简单、分离效果良好、易工业化生产,适于海蓬子中黄酮的分离纯化。

5.1.3.2 抗炎和免疫调节作用

炎症和免疫是机体对异物的两种不同反应,是一个问题的两个侧面,两者相互重叠不可分割。炎症和免疫在组织、细胞、分子水平上是紧密联系不可分割的过程,故单独应用抗炎药或免疫抑制药或免疫增强药治疗慢性炎症性疾病疗效均不理想,长期应用还可能加重病理过程。研究开发既有抗炎活性又有免疫调节活性的药物即抗炎免疫调节药将是抗炎免疫药理学发展的主要方向之一。

海蓬子的多种提取物都有抗炎免疫调节作用。Im 等[272-273]研究发现从海蓬子中提取的多糖对于单核/巨噬细胞系细胞有很强的免疫活性,海蓬子的免疫多糖提取物激活单核白血球需要小剂量的干扰素-γ协同。Lee 等[274]研究发现海蓬子多糖提取物通过激活核因子 K-B/Rel 来刺激巨噬细胞表达诱导性 NO 合成酶的基因。Han 等[275]研究表明,海蓬子提取物 3-咖啡酰-4-二氢咖啡酰奎宁酸(CDCQ)可有效减少环氧合酶-2 的量,增强 CDCQ 抗炎的特性。Kim 等[276]研究了海蓬子提取物异鼠李素 3-O-β-D-吡喃葡萄糖苷抗炎性,发现海蓬子多糖提取物通过活化 NF-B/Rel,可以刺激巨噬细胞表达 NO 合成酶基因。

5.1.3.3 抗癌活性

癌症已成为威胁人类生命的最严重的疾病之一,其致死率呈逐年上升趋势,它的发生和发展是一个复杂病变过程。现在医学抗癌除手术以外常用放化疗等方法,但其毒副反应较严重。而中药作为我国传统防治疾病的武器,因其多靶点、多效应、不良反应低、能提高机体免疫力、不易产生耐药性等优点,在癌症治疗中越来越受到重视。中药中抗癌有效成分主要有生物碱、萜类、黄酮类、脂肪油类等。

海蓬子中有多种活性成分具有抗癌活性。Kong 等[277]从海蓬子分离出黄酮苷、异鼠李素 3-O-β-D-葡萄糖苷、槲皮素-3-O-β-D-葡萄糖苷,并对其抑制人纤维肉瘤(HT1080)细胞系的基质金属蛋白酶(MMP-9、MMP-2)进行研究,结果显示这些黄酮苷物质对 MMP-9、MMP-2 有明显的抑制作用,可能是一种重要的癌症天然化学预防剂。Ryu 等[278]研究表明海蓬子的多糖提取物对人体结肠癌细胞 HT-29 的作用,结果表明,海蓬子提取的粗多糖和精多糖可通过改变细胞周期控制基因表达以及在对人体结肠癌细胞凋亡中起到抗增殖作用。可见,海蓬子多糖对结肠癌有抗癌活性。

此外,海蓬子还有抗血栓、抗高血糖、抗高血脂等多种活性,可用于高血栓、糖尿病、高血脂等多种疾病的治疗和预防。

5.1.4 亚油酸概述

油脂是食品不可缺少的重要成分之一,除提供热量外,油脂还提供人体无法合成而必须从食品中获得的必需脂肪酸(如亚油酸等)以及供给各种脂溶性维生素。

亚油酸是人体所必需的脂肪酸,它在体内的代谢可产生对人体有重要生理功能的 ω6,ω6 是一系列有特殊生物活性化合物类二十烷酸的前体,是影响血压、血管反应性、凝血和免疫系统的脂肪激素。人体每天摄取 6 g 亚油酸,才能维持正常的生理代谢。亚油酸具有防癌抗癌、抗粥状动脉硬化、参与脂肪分解与新陈代谢、增强肌体免疫能力、促进骨组织的代谢等作用。

随着经济的发展、生活水平的提高,身体的健康水平已成为人们普遍关心的大事,无疑亚油酸的应用前景很好。而且现在生活节奏过快,精神压力过大,饮食和生活不规律,高血压、高血糖、高血脂、高胆固醇等疾病困扰着越来越多的群体,于是人们开始关注健康,更加注重饮食的规律和健康。亚油酸是功能性多不饱和脂肪酸中被最早认识的一种,具有降低血清胆固醇水平作用,服用亚油酸对患高甘油三酯疾病的病人具有明显的疗效。我国药典正是采用亚油酸乙酯作为预防和治疗高血压及动脉粥样硬化症、冠心病的药物。亚油酸有助于降低血清胆固醇和抑制动脉血栓的形成,因此在预防动脉粥样硬化和心肌梗塞等心血管疾病方面有良好作用。此外,亚油酸还是 γ-亚麻酸和花生四烯酸的前体。

5.1.4.1　脂肪酸及多不饱和脂肪酸

脂肪酸广泛存在于动植物体内,能与甘油形成酯类化合物,即为动植物油脂或称之为脂肪,脂肪是人类的重要营养源。脂肪酸主要分为饱和脂肪酸、不饱和脂肪酸、反式脂肪酸、含炔键脂肪酸、带有支链脂肪酸、环状脂肪酸、羟基和环氧脂肪酸以及呋喃结构脂肪酸等八种。在碳链上含有不饱和双键的脂肪酸称为不饱和脂肪酸,在碳链上含有十八个以上碳原子并含有多个不饱和双键的脂肪酸为多不饱和脂肪酸(PUFA)。已经发现并且较为常见的多不饱和脂肪酸主要有:十八碳二烯酸(亚油酸)、十八碳三烯酸(亚麻酸)、二十碳二烯酸、二十碳三烯酸、二十二碳四烯酸(花生四烯酸)、二十碳五烯酸(EPA)和二十二碳六烯酸(DHA)等多种。在多不饱和脂肪酸中,又可以根据双键的起始位置不同分为 $\omega 3$ 脂肪酸和 $\omega 6$ 脂肪酸:不饱和键在羧基相反方向第三个碳原子上的统称为 $\omega 3$ 型不饱和脂肪酸,在第六个碳原子上的统称为 $\omega 6$ 型不饱和脂肪酸。$\omega 6$ 脂肪酸中的亚油酸和 $\omega 3$ 脂肪酸中的 α-亚麻酸为人体不可或缺的必需脂肪酸。

5.1.4.2　亚油酸生理活性

亚油酸和亚麻酸这两种必需脂肪酸能够参与磷脂的合成并以磷脂的形式作为线粒体和细胞膜的重要成分,促进胆固醇和类脂质的代谢,合成前列腺素的前体,保护皮肤免受由 X 射线引起的损害,有利于促进动物精子的形成等。除此之外,亚油酸还有助于生长、发育以及妊娠。人体缺乏亚油酸会出现生长过缓甚至停滞以及皮肤损伤等症状,因此说,亚油酸是最为有效、也最为普遍的 $\omega 6$ 脂肪酸。亚油酸学名为顺式十八碳-9,12-二烯酸(9c,12c-18∶2),是一种人体必需脂肪酸。从脂肪酸的羧基端起在第 9、10 碳原子之间和 12、13 碳原子之间有两个双键。其结构式如下:

$$CH_3(CH_2)_4CH\!=\!CHCH_2CH\!=\!CH(CH_2)_7COOH$$

由于其分子结构中具有两个不饱和双键,因此具有特殊的生理活性和化学活性。

亚油酸具有降低血浆胆固醇浓度的能力。亚油酸主要通过与胆固醇结合成酯然后降解为胆酸排出体外的生理过程来降低血浆中胆固醇浓度。亚油酸摄入量与血浆胆固醇水平负相关。

膳食脂肪酸影响血浆胆固醇浓度的预测方程如下式所示:

$$\Delta SC = 2.10\Delta S - 1.16\Delta P + 0.067\Delta C$$

式中　　ΔSC——血浆胆固醇浓度的变化,mg/dl;

ΔS、ΔP——分别表示有饱和脂肪酸和不饱和脂肪酸所提供的膳食能量百分数的
　　　　　　变化;

ΔC——膳食胆固醇含量的变化,kg/J。

由此,可以看出饱和脂肪酸可升高血浆胆固醇浓度,亚油酸等不饱和脂肪酸可以有效降低血浆胆固醇浓度。因此,一些机构建议应增加亚油酸的摄入量,来降低血浆胆固醇浓度,进而降低冠心病的发病率。而且摄入大量亚油酸对高甘油三酯血症病人效果明显,我国目前仍采用亚油酸作为降低甘油三酯、防治动脉硬化的药物。

此外,临床实验表明,亚油酸能够和血液中的胆固醇结合,生成熔点很低的酯,易于乳化、输送和代谢,不易在血管壁上沉积,具有预防动脉硬化、高胆固醇血症和高血脂症的作用,是维护细胞柔性、强性和活动的重要物质。亚油酸经口摄入后,可以转化为人体必需的 γ-亚麻酸。

多不饱和脂肪酸中的 ω-6 脂肪酸,是影响机体免疫功能的主要脂肪酸,是生物活性物质及活性介质的前体物质,摄入 ω-6 脂肪酸对免疫系统同时具有抑制和刺激作用,亚油酸在体内能够被代谢为花生四烯酸,进一步氧化为二十烷类,如白三烯、血栓烷等,这些都是炎症的有效介质,对炎症以及免疫调节具有重要作用,如调整免疫调节细胞因子的分泌等。增加摄入亚油酸能够提高炎症二十烷类的产生,故能够影响免疫功能。亚油酸也对细胞免疫功能具有重要影响,必需脂肪酸缺乏会导致细胞免疫功能减弱,同时亚油酸可以加强淋巴细胞对促有丝分裂的反应:给小鼠注射低浓度($0.02\sim0.06$ mg/mL)外源性亚油酸时会刺激淋巴细胞增殖。ω-6 型脂肪酸具有药物作用,是使免疫力增强的基质。亚油酸又可以影响免疫调节:生物膜磷脂与多不饱和脂肪酸维持一定的比例,才能保证膜的结构和生理机能,而膜磷脂对维持酶活性、受体功能和膜的转动、传递功能极为重要。因此,ω-6 型脂肪酸不足会影响膜磷脂的组成,进而影响膜结构。

此外,亚油酸是 ω-6 长链多不饱和脂肪酸尤其是花生四烯酸前体。众所周知,花生四烯酸除了是构成膜结构脂质必需成分和类二十烷酸前体外,还是神经组织和脑组织中占有绝对优势构成的多不饱和脂肪酸($40\%\sim50\%$),能够影响胎儿和婴儿的智力和认知能力的发育,具有促进生长发育的功能,还能影响神经系统以及视网膜,在舒张血管、影响免疫调节等多方面发挥重要作用。

5.1.4.3 食品中亚油酸的强化

多不饱和脂肪酸因其特殊的生物学功能,可以广泛应用于食品、医药、化妆品、饲料等领域。在功能性食品方面,多不饱和脂肪酸被誉为"21世纪功能性食品的主角",主要作为食品添加剂或者营养强化剂,长期食用可以改善人类的饮食结构,增强人体的免疫能力。国外一些食品公司已经为老年人和婴幼儿专门研制和生产了含有 PUFA 的食品,如瑞士 Nestle 公司把 PUFA 添加到乳制品和婴儿奶粉中,使其尽可能接近母乳,以满足不能喂母乳的婴儿。

亚油酸是人体不能合成的必需脂肪酸,因此必须从饮食中摄取。亚油酸具有抗辐射、降低胆固醇和动脉硬化、促进生长发育、增强机体免疫力以及美容美发等多种生理功能。而且亚油酸还是代谢过程中有重要作用的激素类物质前列腺素的前体。人体缺乏亚油酸会导致皮肤变红并增加脱水和感染的敏感性。婴幼儿亚油酸缺乏会导致发育障碍。尽管人们十分注意进食含有亚油酸的食物和食用富含亚油酸的食用油,却并没有产生明显的功效;临床应用以亚油酸为主要成分的降胆固醇药品,降胆固醇作用也并不十分理想,甚至直接口服亚油酸也很难见到明显的效果。究其原因,主要是亚油酸等不饱和脂肪酸的摄入量不足,没有发挥其保健作用。因此有必要对食品中的亚油酸进行强化。目前,市场上有很多企业开发或者生产了高亚油酸含量的食用油,但是按照日常食用油的用量,还是不容易达到亚油酸每日摄入量的要求。而且,食用油中强化大量的亚油酸,在煎炸等烹饪加工过程中,存在氧化变质、变味等弊端。因此,从天然油脂中分离纯化高纯度的亚油酸成为近年来的研究热点。

5.1.4.4　亚油酸分离纯化技术研究进展

亚油酸常以脂肪酸甘油三酯的形式存在于植物油脂中,海蓬子籽油、月见草油、罂粟籽油、葡萄籽油等功能性油脂中亚油酸的含量在70%以上,是制备纯化亚油酸的理想原料。目前,分离纯化亚油酸的常用方法有:尿素包合法、硝酸银硅胶柱色谱法、分子蒸馏法、脂肪酶解法、溶剂冷冻结晶法,高速逆流色谱法以及耦合法等。

(1)尿素包合法

尿素包合法是一种常用的多不饱和脂肪酸分离方法,其原理是:尿素原为四方晶体,但当尿素溶解于有机溶剂(如甲醇、乙醇等)中,遇到脂肪族化合物,尿素分子之间以氢键力绕着脂肪族化合物以右手方向盘旋上升,并将其紧紧包住,形成正六棱柱,尿素分子中的碳原子位于每条棱上,而两个氨基则附在两个晶体面上,从晶体的界面上可以看到形成的六方晶体一圈有六个尿素分子,六个尿素分子形成一个单位,而完成一圈盘旋,其高度为1.1 nm。尿素包合形成的正六棱柱的内径为0.55～0.60 nm,而饱和脂肪酸直径接近0.45 nm,小于尿素六方晶体的自由空间,因此在结晶过程中直链饱和脂肪酸或单不饱和脂肪酸就能够进入六方晶体内,形成尿素包合物析出。尿素包合物客体分子(脂肪族化合物)与主体分子(尿素)之间没有形成像络合物或螯合物那样的化学键,而是通过色散力、静电吸力等微弱的范德瓦耳斯力而稳定结合。6碳以上的直链饱和脂肪酸和单不饱和脂肪酸易被尿素包合,而羟基、环氧基取代的脂肪酸和多不饱和脂肪酸由于双键较多,碳链弯曲,具有一定的空间结构,不易被尿素包合。因此饱和脂肪酸较多不饱和脂肪酸更容易与尿素形成稳定包合物,单烯酸较二烯酸或多烯酸更容易形成稳定包合物,利用这一性质,通过过滤除去饱和脂肪酸和单不饱和脂肪酸与尿素形成的包合物结晶,可以使多不饱和脂肪酸得到富集,得到较高纯度的多不饱和脂肪酸。尿素包合法的主要影响因素包括:醇与尿素体积质量比、尿素和脂肪酸质量比、包合温度、包合时间以及包合次数等。其中溶解尿素所用的醇常为甲醇和乙醇,尽管尿素在甲醇中的溶解度较大,但考虑纯化后亚油酸均用于食品添加剂,应选用乙醇为宜。尿素包合法富集亚油酸,原料成本低,反应条件温和,尿素包合物形成后,还可有效地保护双键不受氧化,能较完全地保留其生理活性;工艺成熟,操作简便易行,适用于大规模生产,国外已实现工业化。但用该法制得的亚油酸纯度不高,并难以将双键相近的脂肪酸分开,若经多次包合,亚油酸损失较大,产品收率偏低,要提高纯度还需与其他方法相结合,优化工艺;且利用尿素包合法纯化亚油酸的过程中,会产生致癌副产物——氨基甲酸甲酯和氨基甲酸乙酯,成为制约该方法在食品和制药行业中应用的瓶颈[279]。

（2）硝酸银硅胶柱色谱法

硝酸银硅胶柱色谱法是基于吸附在硅胶上的银离子与不饱和化合物的碳碳双键的 π 电子作用,形成可逆的强极性复合物,而且,全顺式的多不饱和脂肪酸在吸附剂上的分配系数与其不饱和度成正比。这对于分离纯化不饱和脂肪酸有较好的效果。牛之瑞等[280]采用硝酸银硅胶柱色谱法对红松仁油中的不饱和脂肪酸进行分离,将红松籽油混合脂肪酸直接上样,以石油醚-丙酮为洗脱剂进行梯度洗脱,洗脱液中的亚油酸含量从原来的 55.58% 上升到 73.83%。成琪等[281]运用 Folch 法提取猪血浆总脂,再经皂化水解将总脂转化为混合脂肪酸,将 17.6 mg 混合脂肪酸上样于硝酸银硅胶柱上,用正己烷：二氯甲烷：乙醚（89：10：1）为溶剂体系进行洗脱,通过气相色谱和气相色谱-质谱联用法对洗脱液中的成分进行监测,合并洗脱液,回收得到的亚油酸纯度为 60.74%。王昌禄等[282]利用硝酸银硅胶柱色谱法分离纯化红花籽油中的亚油酸,以氯仿-乙酸乙酯体系作为洗脱剂,按照油脂与吸附剂的质量比为 1：30 上样进行洗脱,收集得到的亚油酸纯度为 99.6%,回收率为 47%。郭剑霞等[283]运用 KOH 乙醇皂化结合盐酸酸化法得到华山松籽油混合脂肪酸,利用硝酸银硅胶柱色谱法分离纯化其混合脂肪酸中的亚油酸,结果发现,以丙酮-正己烷为洗脱剂,按照脂肪酸与吸附剂的质量比为 1：15 上样进行洗脱,洗脱剂流速为 0.8 mL/min,回收得到的亚油酸纯度由原来的 57.7% 提高到 98.12%。尽管硝酸银硅胶柱色谱法在分离极性相近或结构相似的混合脂肪酸样品时极具优势,但硝酸银长期暴露于光照环境中稳定性较差,极易分解;且银离子是通过物理吸附作用接枝到硅胶表面,银离子稳定性差,极易脱落,造成样品污染。上述缺陷成为制约硝酸银硅胶柱色谱法制备食品级亚油酸的瓶颈,仍需要进一步加以解决。

（3）分子蒸馏法

分子蒸馏法根据不同脂肪酸在真空条件下沸点不同来分离提取多不饱和脂肪酸。分子蒸馏是在相当于绝对大气压 $1.33 \times 10^{-3} \sim 1.33 \times 10^{-5}$ kPa 的条件下进行的,分子运动在此高真空条件下可以克服相互间的引力,挥发自由能大大降低,因而分子的挥发性极其自由,沸点明显降低,因此在较低的温度下组分的挥发度仍显著增加,减小了多不饱和脂肪酸的热变性,提高了分离效果。饱和脂肪酸和单不饱和脂肪酸分子运动平均自由程大,在一定的温度和压力条件下首先蒸出,而双键较多的不饱和脂肪酸分子运动的平均自由程短,最后蒸出,通过多级蒸馏可以有效地将不同组分分离。分子蒸馏的特点在于真空度高、蒸馏温度低于常规的真空蒸馏且物料受热时间短,有利于保护不饱和脂肪酸的生理活性,不用有机溶剂,环境污染小,工艺成本低,易于工艺连续化生产,尤其适用于高沸点高热敏性物质的分离提纯,在不饱和脂肪酸的富集方面大有应用前景。郭剑霞等[284]采用单因素轮换法考察了进料速率、进料温度、蒸馏温度和刮膜转速对分子蒸馏富集华山松籽油中亚油酸效果的影响,获得最佳工艺条件为:蒸馏温度 105～115 ℃,进料速率为 60～80 mL/h,进料温度 55～60 ℃,操作压力 1.0 Pa,刮膜转速 200 r/min。在此条件下,经过四级蒸馏,可将华山松籽油脂肪酸中亚油酸的纯度由原来的 63.3% 提高到 82.7%。马楠等[285]以新疆薄皮核桃油为原料,利用响应曲面法优化分子蒸馏法富集多不饱和脂肪酸工艺,得到最佳工艺条件为:进料速率 70 滴/min,温度 111.0 ℃,压力 8.0 Pa,刮膜转速 340.0 r/min。在此条件下,可将核桃油中亚油酸的纯度由原来的 54.57% 提高到 67.91%。吴琼等[286]应用响应面实验设计考察蒸馏温度、真空度、刮板转速等因素对分子蒸馏法富集纯化葵花油中亚油酸的影响,得到最佳工艺条件为:蒸馏温度 170 ℃、真空度 1.0 mbar(1 bar=1 MPa)、刮板速度 160 r/min;在此条件下,亚油酸含量由 62.7% 提高到 82.8%。杨增松等[287]以安第斯山脉产的玫瑰果油为原料,与氨水按特定比例混合后,在强碱(氢氧化钠、氢氧化钾、乙醇钾、乙醇钠)催化下发生皂化反应,生成亚油酸的铵盐,向铵盐中加入抗氧化剂(迷迭香提取物、2,6-二叔丁基-4-甲基苯酚),在 80 ℃ 和 −0.05 MPa 条件下进行减压蒸馏,铵盐分解后得到粗亚油酸,再经分子蒸馏后得到较高浓度的亚油酸。尽管分子蒸馏技术已广泛应用于亚油酸的分离纯化,但其分离体系要求达到很高的真空度,对设备的密封和真空要求都很高,设备投资大,能耗较高;脂肪酸主要以甘油三酯形式广泛分布于天然动植物油脂中,而分子蒸馏为纯粹的分离设备,必须与常规的甘油三酯皂化水解的前处理技术结合,才能获取足够的原料进行提纯。

(4)脂肪酶解法

油脂的主要成分是甘油三酯,而脂肪酶是一种特殊的酯键水解酶,它可作用于甘油三酯的酯键,使甘油三酯降解为甘油二酯、单甘油酯、甘油和脂肪酸。因此,利用专一性的脂肪酶对油脂进行水解可得到纯度较高的亚油酸。甘争艳等[288]采用单因素法优化根霉脂肪酶水解红花籽油富集亚油酸的反应条件,发现在根霉脂肪酶用量为红花油质量的 2%、水解温度 30 ℃ 及 K_2HPO_4/KH_2PO_4 缓冲溶液 pH=6.0 条件下,水解率为 66.5%,水解产物中亚油酸的含量高达 96.2%。Pongket 等[289]通过考察缓冲液与油脂质量比、酶用量及 pH 值等因素对皱褶假丝酵母脂肪酶催化水解葵花籽油的影响,利用响应面中心组合实验设计优化水解条件,得出最佳水解条件为:缓冲液与油脂质量比 4:1,酶用量为 750.28 U/g,pH 值为 6.7。在此条件下,葵花籽油的水解率达 76.07%;再通过尿素包合法对酶水解得到的混合脂肪酸进行纯化,得到的亚油酸纯度达到 70%。脂肪酶浓缩反应条件温和,产品质量稳定,但反应环境复杂,反应方向难以控制,常需与其他分离方法配合使用。

(5)溶剂冷冻结晶法

溶剂冷冻结晶法利用不同脂肪酸或脂肪酸盐一定温度下在有机溶剂中的溶解度不同来实现混合脂肪酸的分离纯化。一般来说,脂肪酸在有机溶剂中的溶解度,随不饱和度的增加而增加,顺式的不饱和脂肪酸又比反式的不饱和脂肪酸有较大的溶解度;脂肪酸碳链愈短,其溶解度愈大;异构脂肪酸较正构脂肪酸的溶解度大;而这种溶解度的差异随着温度的降低表现得更为显著。因此按照上述规律,可以用有机溶剂溶解混合脂肪酸后,在一定温度下进行结晶,实现混合脂肪酸的分离。通过对溶剂种类、结晶温度和溶剂比的调整,可得到不同纯度的脂肪酸。候雯雯等[290]采用溶剂结晶法纯化混合脂肪酸,最终确定最佳工艺条件为:以丙酮为溶剂,混合脂肪酸与溶剂的体积比为1:1,结晶温度梯度为0、−25 ℃、−35 ℃,每个温度下冷冻6 h,在此条件下,可将亚油酸的含量从50.58%提高到85.33%。付友兴等[291]发明了一种从山桐子毛油中纯化亚油酸的方法,即山桐子毛油通过醋酸纤维滤膜脱胶后,脱胶油在惰性气氛中以氢氧化钾为催化剂发生皂化反应并经酸化、水洗后得到混合脂肪酸;混合脂肪酸在4 ℃时进行预冷冻后抽滤,滤饼加入甲醇后,在0、−5 ℃、−10 ℃、−20 ℃、−30 ℃、−40 ℃下分别冷冻0.5~1.5 h后,获得的亚油酸纯度达90%以上。溶剂结晶法投资少,工艺简单,但低温设备要求高,操作困难,需要大量有机溶剂,而且溶剂有残留,收率低;由于脂肪酸之间存在互溶现象,处理后的脂肪酸纯度不高,可作为富集多不饱和脂肪酸的预处理手段。

(6)高速逆流色谱法

高速逆流色谱法基于螺旋管中彼此不相溶的两相溶剂在离心力场中产生单向性流体动力学平衡的现象,使两种彼此不混溶的溶剂体系在高速旋转的螺旋管中单向分布,留下其中一相作为固定相,载有样品的流动相通过恒流泵输送穿过固定相,两相溶剂在螺旋管中实现高速的接触、混合和传递,基于物质各成分在两相间分配系数的差异,导致在管内的移动速度不同,从而实现样品分离。由于高速逆流色谱的固定相和流动相全部由液体组成,不需要固体支撑体,没有不可逆吸附,物质的分离主要根据样品在两相中分配系数的不同而实现,具有样品无损失、无污染、高效、快速和大量制备的优点。近年来,高速逆流色谱法已广泛应用于多不饱和脂肪酸的纯化[292]。Cao等[293]对超临界CO_2萃取获得的葡萄籽油进行皂化水解和酸化处理,得到混合脂肪酸;以正庚烷/乙腈/乙酸/甲醇(4:5:1:1)为溶剂体系,轻相为固定相,重相为流动相,流动相流速为2 mL/min,配置蒸发光散射检测器,运用高速逆流色谱法对混合脂肪酸中的亚油酸进行分离,得到430 mg亚油酸,纯度高达99%。赵先花等[294]以正庚烷/乙酸乙酯/甲醇/水(8.5:1:8.5:1)为溶剂体系,选取轻相为固定相,重相为流动相,流动相流速为2 mL/min,螺线管的转速为800 r/min,配置紫外检测器,紫外吸收波长为254 nm,利用高速逆流色谱法对文冠果油混合脂肪酸中的亚油酸进行分离纯化,经高效液相色谱检测,分离得到的亚油酸纯度高达93.92%。张驰松等[295]利用超临界流体萃取获得山桐籽油,通过氢氧化钾皂化和盐酸酸化制备混合脂肪酸,混合脂肪酸经与3%的盐酸乙醇溶液反应并用石油醚萃取得脂肪酸乙酯。脂肪酸乙酯经尿素包合后,滤液经10%盐酸酸化处理后得到亚油酸和α-亚麻酸粗品;该粗品置于硅胶柱顶端,以丙酮-石油醚(85:15)作为洗脱剂,在3 mL/min的流速条件下进行洗脱,得到较高纯度的亚油酸和α-亚麻酸的洗脱液;再以乙酸乙酯/正丁醇/乙醇/水(1:1:0.2:2)为溶剂体系,选取轻相为固定相,重相为流动相,螺线管转速为 800 r/min,流动相流速为 2.8 mL/min,分离温度为 46 ℃,分离得到成品中的亚油酸纯度为 99%。根据等效链长(ECL)规则,在对相同或相近的等效链长的脂肪酸进行洗脱时,可能会发生共流出现象,使分离度变差;而 pH 区带精制逆流色谱是从普通逆流色谱分离过程中发展来的一种适用于有机酸(碱)化合物分离的制备色谱,其分离原理主要是基于分离物质的酸性解离常数(pK_a)和疏水性的差异进行分离[296]。因此,该方法可以克服等效链长对脂肪酸分离的影响,同时该方法还具有进样量大(同等仪器条件下,其进样量是普通逆流色谱法的 10 倍),分离纯化后所得的物质纯度高,分离时间短等优点。Englert 等[297]已成功运用 pH 区带精制逆流色谱从 500 mg 葵花籽油混合脂肪酸中分离出 194.2 mg 纯度为 95% 的亚油酸,展现出巨大的分离优势。高速逆流色谱法需反复多次测定待分离组分在不同溶剂体系的上下相之间的分配系数,才能筛选出最优的溶剂体系,溶剂耗费量大;且其分离螺线管的理论塔板数低,分离度较差;其制备能力有限,虽已实现了上百毫克级亚油酸的分离制备,但尚不具备克级甚至公斤数量级的制备能力,因此该分离方法目前仍停留在实验室研究阶段,尚未放大应用到工业化生产。在实际应用过程中,该方法常与其他分离富集方法复合使用,以达到理想的分离效果。

(7) 耦合法

单一的分离纯化方法往往只能对混合脂肪酸中的亚油酸起到富集作用,获得亚油酸纯度不高;而在实际的亚油酸分离纯化生产过程中,大多将两种或多种分离纯化方法耦合联用以提高亚油酸的纯度。妥尔油作为以富含高树脂的松柏科植物为原料造纸工业生产中的副产物,含有大量的高附加值的脂肪酸。根据妥尔油中主要脂肪酸的沸程,确定减压蒸馏的温度范围,可将脂肪酸从妥尔油中分离出来,但难以将沸点相近的不饱和脂肪酸分离出来;而尿素包合法则可按不饱和度差异分离脂肪酸,去除混合脂肪酸中的饱和脂肪酸和单不饱和脂肪酸,但对于双键数相近的脂肪酸则无法有效分离;再利用不饱和脂肪酸之间的凝固点差异,利用溶剂冷冻结晶法分离出高纯度的亚油酸。三种方法相互取长补短,达到了理想的分离效果。Islam 等[298]以妥尔油为原料,先用质量浓度为 1% 的 NaCl 溶液对其进行预处理后,再在真空度为 1.33 kPa,蒸馏温度范围 130～265 ℃条件下收集妥尔油中的粗脂肪酸,得率为 48%。粗脂肪酸在 60 ℃下溶于 4% 的尿素乙醇溶液中,置于室温下进行包合,除去包合物的滤液经减压蒸馏后得到粗不饱和脂肪酸,得率为 62.5%。将粗不饱和脂肪酸按 1∶9 的比例溶于丙酮中,运用冷冻结晶法进一步纯化,发现冷冻温度在 −7 ℃至 −15 ℃之间纯化产物中亚油酸纯度高达95.2%,产率为 26%。溶剂冷冻结晶法利用低温时脂肪酸在有机溶剂中的溶解度差异,使饱和脂肪酸析出,不饱和脂肪酸留在溶液中,实现预分离;再利用尿素包合法将单不饱和脂肪酸形成包合物,而纯度较高的多不饱和脂肪酸则富集在溶液中。王晓琴等[299]将茶叶籽油皂化、酸化后得到混合脂肪酸,该混合脂肪酸加入 1.5 倍无水乙醇溶解后,在 7 ℃条件下进行溶剂冷冻结晶预富集,获得粗不饱和脂肪酸;该粗不饱和脂肪酸在尿素与 95％乙醇的质量体积比为 1∶3，尿素与混合脂肪酸的质量比为 4∶1，包合温度为 −4 ℃，包合时间为 12 h 的条件下，富集获取的亚油酸纯度为 92.77％，得率为 49.71％。 Patil 等[300]将鸡内脏油经皂化水解处理后获取混合脂肪酸，该混合脂肪酸加入 7.3 倍丙酮溶解后，置于 −10 ℃冰箱中进行 10 h 的溶剂冷冻结晶，获得粗不饱和脂肪酸；粗不饱和脂肪酸在尿素与混合脂肪酸质量比为 4∶1，95％乙醇与尿素的体积质量比为 2.5∶ 1，包合温度为 5 ℃，包合时间为 18 h 的条件下进行包合富集，获取亚油酸纯度为 82.1％，得率为 32.3％。尽管尿素包合可将混合脂肪酸中的饱和及单不饱和脂肪酸除去，获得较为纯净的多不饱和脂肪酸，但对两个或两个以上双键的脂肪酸的分离度较差，致使分离得到的亚油酸含有少量杂质，如 α-亚麻酸、γ-亚麻酸等；可再利用不饱和脂肪酸之间的沸点差异，采用分子蒸馏技术进一步纯化。孟德旺等[301]采用尿素包合法对棉籽的乙醇-液化丙烷（1∶5）提取液中的不饱和脂肪酸进行包合，包合所用的尿素乙醇溶液浓度为 10 g/L，包合温度为 −4 ℃，包合时间为 8 h。富集所得包合物结晶用石油醚洗涤后，向洗涤液中加入稀氢氧化钠溶液，得到粗亚油酸；粗亚油酸再经分子蒸馏纯化，所得亚油酸的收率为 90％，纯度为 95.1％。由于油酸与亚油酸相互混溶，溶剂冷冻结晶法对二者没有明显的分离度。可先利用溶剂冷冻结晶法将混合脂肪酸中凝固点较高的饱和脂肪酸除去，得到不饱和脂肪酸，再将不饱和脂肪酸转化为金属盐，根据低温下不饱和脂肪酸金属盐的溶解度差异，实现油酸与亚油酸的分离，最后再经分子蒸馏除去亚油酸中沸点不同的杂质，获得高纯度的亚油酸。彭永健等[302]以红花籽油为原料，经皂化水解后得到混合脂肪酸，将该混合脂肪酸缓慢降温至 0 ℃，静置结晶 2 h，滤除饱和脂肪酸成分；将所得不饱和脂肪酸加入硫酸镁的丙酮水溶液中（脂肪酸与硫酸镁的摩尔比为 1∶2），置于 −10 ℃冰箱 24 h 后，所得滤液经减压回收丙酮后，得到粗亚油酸；粗亚油酸再经分子蒸馏精制后，所得亚油酸纯度可达 96％。

亚油酸及其衍生物因其独特的药理活性和保健功能，被广泛用于营养添加剂、洗护用品添加剂及医药卫生等领域。广阔的市场需求和高纯度的产品要求给亚油酸的分离纯化带来了巨大的挑战。不同的分离纯化方法具有各自的优势和适用范围，需要根据分离纯度要求，结合分离时间、成本综合选择分离方法。但单一分离纯化方法因其局限性，难以获取高纯度的亚油酸，两种或多种方法相互耦合则可实现优势互补，达到理想的分离效果。目前实际生产过程中使用较多的尿素包合法，因其产生固废较多，且包合过程中会生成致癌副产物氨基甲酸甲酯，技术发展瓶颈已经显现；值得关注的是淀粉、三聚氰胺等环境友好型化合物已在实验中成功用于亚油酸的包合提纯，可作为尿素的替代品，工业化应用前景广阔[303-304]；而 pH 区带精制逆流色谱已成功用于亚麻酸的分离[305]，具有上样量大、分离效率高的优势，但目前此项技术尚未大规模应用于亚油酸的分离纯化中，可加大 pH 区带精制逆流色谱法的研究力度。

5.1.5　本章研究内容

（1）本章采用极性较大的甲醇/氯仿体系为提取液，采用超声辅助提取海蓬子籽

油,通过正交实验法研究了主要影响因素对海蓬子籽中亚油酸提取率的影响,确定了超声辅助提取海蓬子籽中亚油酸的最佳工艺条件;

（2）采用尿素包合法纯化海蓬子籽油中的亚油酸,并对包合条件进行探讨,以确定最佳工艺条件,以期为该资源的利用和开发提供参考。

5.2 实验方法

5.2.1 实验原料

海蓬子籽:采自盐城滨海盐碱地。

5.2.2 药品与试剂

主要药品与试剂见表5-2。

表 5-2 主要药品与试剂

品名	纯度	生产厂家
亚油酸标准品(C18:2)	GR	美国 sigma 公司
甲醇	AR	宜兴市化学试剂厂有限公司
氯仿	AR	宜兴市化学试剂厂有限公司
甲醇	GR	美国 sigma 公司
正己烷	GR	美国 sigma 公司
盐酸	AR	北京化工厂有限责任公司
无水乙醇	AR	北京化工研究所
尿素	AR	天津市金丰化工实业有限公司
氢氧化钾	AR	天津市风船化学试剂科技有限公司
氢氧化钠	AR	天津市风船化学试剂科技有限公司
五水硫酸钠	AR	天津市进丰化工有限公司
浓硫酸	AR	北京化工厂有限责任公司
蒸馏水	实验室自制	

5.2.3 仪器设备

主要仪器设备见表5-3。

表 5-3 主要仪器设备

仪器名称	生产厂家
Clarus600 型气相色谱仪	美国 PE 公司
FW100 型高速万能粉碎机	天津市泰斯特仪器有限公司

表 5-3(续)

仪器名称	生产厂家
RE-52A 型旋转蒸发仪	上海亚荣生化仪器厂
HZT-A 型精密天平	上海鼎拓实业有限公司
KQ5200DB 型数控超声波清洗器	昆山市超声仪器有限公司
DF-101S 型集热式恒温加热磁力搅拌器	巩义市予华仪器有限责任公司
Agilent7890-5975C 型 GC/MS 联用仪	美国 Agilent 公司
BD/BC-218CH 变温冷冻冷藏箱	星星集团有限公司

5.2.4　实验方法

5.2.4.1　超声强化提取海蓬子籽中亚油酸工艺的正交设计优化

（1）色谱条件

ZB-WAX 毛细管柱尺寸为 0.5 μm×0.32 mm×30 m,载气为高纯度氮气,分流比 5∶1,流速为 1.0 mL/min,柱温为 190 ℃,进样口温度为 250 ℃,FID 检测器温度为 250 ℃,空气流速为 450 mL/min,氢气流速为 45 mL/min。理论塔板数按亚油酸计算应不低于 20 000。

（2）对照品溶液的制备及标准曲线的绘制

按照文献[306]方法,精密吸取亚油酸对照品 40 μL,置 10 mL 具塞刻度试管中,加 1%的三氟化硼-甲醇溶液 1 mL,在 60 ℃水浴中酯化 5 min,冷却,精密加入正己烷 2 mL,振摇,加入饱和氯化钠溶液 2 mL,摇匀,分层后取上层液作为对照品溶液。

精密吸取亚油酸对照品适量,配制成含亚油酸 15.06 mg/mL、30.21 mg/mL、45.13 mg/mL、60.30 mg/mL、75.27 mg/mL、90.44 mg/mL 的 6 种浓度溶液。分别精密吸取 3 μL 进样,在 5.2.4.1(1)所述条件下测定,以峰面积(A)对浓度(C)进行线性回归,得回归方程:$A=119\ 845.2+132\ 681.8C,r=0.999\ 6$。结果表明,在浓度 15.06～90.44 mg/mL 范围内,线性关系良好。

（3）海蓬子籽中亚油酸的提取及含量测定

选取盐城滨海盐碱地的海蓬子,取干燥除杂的海蓬子籽粒,粉碎至 60 目,装入容器中;按一定固液比加入提取液,选取不同超声提取温度和提取时间,放入超声波仪中进行提取(提取时加回流装置,以防溶剂损失),趁热抽滤,对滤液进行真空浓缩,经回收提取液之后得到海蓬子籽油。

精密吸取海蓬子籽油 50 μL,置 10 mL 具塞刻度试管中,加 0.5 mol/L 氢氧化钾-甲醇溶液 2 mL,在 60 ℃水浴中皂化 15 min,待油珠溶解,冷却,加 1%的三氟化硼-甲醇溶液 2 mL,在 60 ℃水浴中酯化 5 min,冷却,精密加入正己烷 2 mL,振摇,加入饱和氯化钠溶液 2 mL,摇匀,分层后取上层液作为供试品溶液。

将所得供试品溶液在 5.2.4.1(1)所述的检测条件下,测得供试品溶液的峰面积值,由标准曲线查得该待测溶液浓度，该浓度值即为待测液亚油酸浓度，根据稀释倍数换算出海蓬子籽中亚油酸含量。

（4）单因素实验

分别选取提取时间、料液比、提取温度和超声波功率进行单因素实验。实验中除所考察因素外，其他提取参数分别为提取时间 28 min、料液比 1∶20、提取温度 45 ℃和超声波功率 280 W。每个实验重复 3 遍，结果取平均值。

（5）正交实验设计

在单因素实验的基础上，根据正交实验设计原理，选择影响海蓬子籽中亚油酸提取率较大的四个主要实验因素，考察海蓬子籽中亚油酸的提取率。根据正交设计方案进行实验，确定海蓬子籽中亚油酸的最佳提取工艺条件。

5.2.4.2　尿素包合法纯化海蓬子籽油中亚油酸的工艺优化

（1）混合脂肪酸的制备

将提取得到的海蓬子籽油样和 5％氢氧化钠乙醇溶液按 1∶20(g/mL)的比例加入圆底烧瓶中，在磁力搅拌器搅拌下，缓慢升温至 70 ℃，恒温回流 2 h，然后将皂化液冷却至室温，加入蒸馏水使皂化物完全溶解。再滴加 1 mol/L 的 HCl 溶液调 pH 至 2～3后，置于分液漏斗中，加入约 10 倍油样量的正己烷萃取、分离，油层再用蒸馏水洗至中性，无水硫酸钠干燥，蒸去正己烷，得混合脂肪酸。

（2）尿素包合法纯化亚油酸

将混合脂肪酸、尿素和无水乙醇按 1∶5∶150(g/g/mL)比例加入圆底烧瓶，水浴加热回流，待尿素全部溶解后，冷却至室温，然后于 5 ℃保存 30 h。取出后迅速减压抽滤，滤液蒸去乙醇后，用正己烷萃取，水洗至无尿素为止，无水硫酸钠干燥，蒸去正己烷，得亚油酸。

（3）气相色谱分析条件

以 Sigma 公司亚油酸样品为标准，用气相色谱法来检测所分离样品中亚油酸的纯度，以此来作为评判处理工艺的依据。

色谱条件：色谱柱温度 185 ℃，进样口温度 230 ℃，监测器温度 230 ℃，氮气 50 kPa，氢气 60 kPa，空气 50 kPa。

（4）亚油酸得率和纯度分析

亚油酸得率按文献[149]的方法计算。

$$亚油酸得率＝\frac{纯化得到的亚油酸的质量}{用于包合的混合脂肪酸中亚油酸的质量}×100\%$$

亚油酸纯度按 5.2.4.2 气相色谱分析条件对所得亚油酸样品进行 GC 分析，采用峰面积归一化法计算。

5.3 结果与讨论

5.3.1 超声强化提取海蓬子籽中亚油酸工艺的正交设计优化

5.3.1.1 单因素实验

（1）提取时间对亚油酸提取率的影响

固定料液比为 1∶20、超声功率为 280 W、提取温度为 45 ℃,考察不同提取时间对海蓬子籽亚油酸提取率的影响,结果如图 5-1 所示。由图 5-1 可以看出,在初始的一段时间内,随着提取时间的延长,亚油酸提取率不断升高,当处理时间超过 28 min 时,随着提取时间的延长,亚油酸提取率没有明显上升。原因是提取过程开始时,固液浓度差很大,扩散驱动力大;随着处理时间的延长,油脂在提取液和物料中的浓度达到了动态平衡,亚油酸提取率也基本维持恒定。

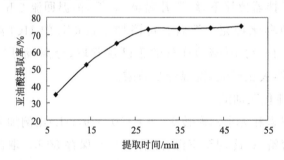

图 5-1　提取时间对亚油酸提取率的影响

（2）料液比对亚油酸提取率的影响

固定提取时间为 28 min、提取温度为 45 ℃、超声波功率为 280 W 的条件下,考察了不同料液比对海蓬子籽亚油酸提取率的影响,结果如图 5-2 所示。由图 5-2 可知,随着料液比的增大,海蓬子籽中亚油酸提取率逐渐增大,在料液比为 1∶5 至 1∶20 范围内,

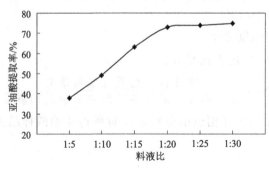

图 5-2　料液比对亚油酸提取率的影响

溶剂比例增加对亚油酸提取率的影响更显著；当溶剂比例继续增加时，增长趋势缓慢。这是由于对于一定量的海蓬子籽，溶剂用量的增加可以使海蓬子籽与溶剂的接触面积增大，并且增大固液浓度差，有利于扩散速率的提高。当溶剂比例继续增大，固液浓度差的增幅逐渐降低，海蓬子籽亚油酸的提取率的增势也趋于平缓，过多使用浸提溶液亚油酸提取率没有明显增加，反而会因为后续加工需要将溶剂蒸发掉，耗费大量能源。

（3）提取温度对亚油酸提取率的影响

固定料液比为 1∶20，超声功率为 280 W，提取时间为 28 min，考察不同提取温度对海蓬子籽亚油酸提取率的影响，结果见图 5-3。由图 5-3 可以看出，提取温度低于 45 ℃时，随着提取温度的不断升高，亚油酸提取率逐渐增大，但是当温度高于 45 ℃，亚油酸提取率反而降低，原因可能是当温度过高时，溶剂挥发加剧，反而减小了溶剂与物料的接触面积，降低了扩散速率，并且高温会导致亚油酸部分分解，亚油酸提取率反而下降。

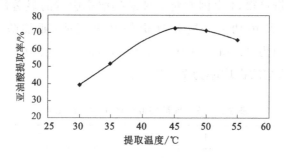

图 5-3　提取温度对亚油酸提取率的影响

（4）超声波功率对亚油酸提取率的影响

固定料液比为 1∶20、提取时间为 28 min，提取温度为 45 ℃，考察不同超声功率对海蓬子籽亚油酸提取率的影响，结果如图 5-4 所示。由图 5-4 可以看出，超声功率在 120～280 W 范围内，亚油酸提取率随超声功率增加而提高，当超声功率高于 280 W 时亚油酸提取率反而略有下降。可能由于适当地提高超声功率，可以加强空化作用和机械作用，扩散速率也就越大，亚油酸析出越快，但是当超声功率过大时，海蓬子籽中的油脂发生变化，使得亚油酸提取率变低。

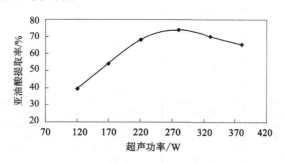

图 5-4　超声功率对亚油酸提取率的影响

5.3.1.2 海莲子籽中亚油酸超声波提取工艺的优化

根据单因素实验结果,选择提取时间、料液比、提取温度、超声功率 4 个因素进行正交实验,对亚油酸提取工艺进行优化。按 $L_9(3^4)$ 正交表进行实验,选取实验因素水平和实验结果分别如表 5-4 和表 5-5 所示。

表 5-4　正交实验因素和水平

因素水平	A:提取时间/min	B:料液比	C:提取温度/℃	D:超声功率/W
1	28	1:20	42	250
2	32	1:25	45	280
3	35	1:30	48	320

由表 5-5 直观分析可得,4 个因素对亚油酸提取率影响的显著性依次为提取时间>料液比>提取温度>超声功率。极差分析的结果表明,亚油酸的最佳提取工艺为 $A_2B_3C_1D_1$,即提取时间为 32 min,料液比为 1:30,提取温度为 42 ℃,超声功率为 250 W。在此条件下,亚油酸的提取率为 74.25%。

表 5-5　超声辅助提取法的正交实验结果

实验编号	A	B	C	D	亚油酸提取率/%
1	1	1	1	1	71.89
2	1	2	2	2	65.15
3	1	3	3	3	72.21
4	2	1	2	3	70.68
5	2	2	3	1	72..55
6	2	3	1	2	73.32
7	3	1	3	2	68.31
8	3	2	1	3	69.12
9	3	3	2	1	70.07
K_1	69.75	70.29	71.41	71.50	
K_2	72.15	68.94	68.63	68.89	
K_3	69.17	71.83	71.02	70.67	
k_1	23.25	23.43	23.80	23.83	
k_2	24.05	22.98	22.88	22.96	
k_3	23.06	23.94	23.67	23.56	
R	0.99	0.96	0.92	0.87	

5.3.2 尿素包合法纯化海蓬子籽油中亚油酸的工艺优化

5.3.2.1 混合脂肪酸与尿素比值对亚油酸得率和纯度的影响

在尿素与无水乙醇比值(g/mL)为1：20,包合温度为－5 ℃,包合时间为24 h的条件下,考察了混合脂肪酸与尿素不同比值对亚油酸得率和纯度的影响。结果如图5-5所示。

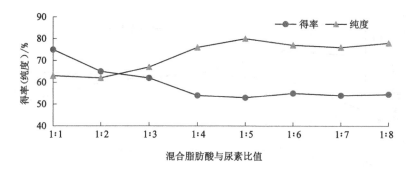

图5-5 混合脂肪酸与尿素比值对亚油酸得率和纯度的影响

从图5-5可以看出,亚油酸得率随尿素用量的增加而降低,纯度则基本上是随尿素用量的增加而逐渐增加,当混合脂肪酸与尿素比值达到1：5时,亚油酸的纯度则最大。所以选择混合脂肪酸与尿素的比值为1：5。

5.3.2.2 尿素与无水乙醇比值对亚油酸得率和纯度的影响

在混合脂肪酸与尿素比值(g/g)为1：5,包合温度为－5 ℃,包合时间为24 h的条件下,考察了尿素与无水乙醇不同比值对亚油酸得率和纯度的影响。结果如图5-6所示。

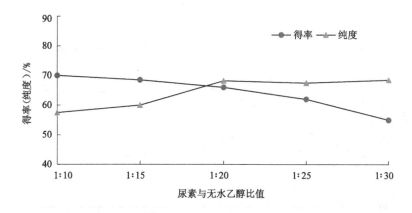

图5-6 尿素与无水乙醇比值对亚油酸得率和纯度的影响

从图5-6可以看出,亚油酸得率随着无水乙醇的增加而降低,纯度则随着无水乙醇的增加不断增加。当尿素与无水乙醇比值为1：20,亚油酸纯度和得率都较高。但当无水乙醇用量继续增大,亚油酸得率则明显降低。所以综合考虑亚油酸得率和纯度,选择尿素与无水乙醇比值为 1：20。

5.3.2.3 包合温度对亚油酸得率和纯度的影响

在混合脂肪酸与尿素比值(g/g)为 1：5,尿素与无水乙醇比值(g/mL)为 1：20,包合时间为 12 h 的条件下,考察不同包合温度对亚油酸得率和纯度的影响,结果如图 5-7 所示。

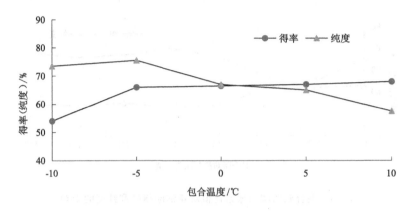

图 5-7　包合温度对亚油酸得率和纯度的影响

从图 5-7 中可以看出,亚油酸得率随着包合温度的升高而增加,纯度则基本呈下降趋势。由于尿素包合物的形成是一个放热过程,温度较高时不利于尿素包合物的形成,亚油酸纯度较低。但温度过低时,亚油酸的得率较低。本实验选择包合温度为－5 ℃。

5.3.2.4 包合时间对亚油酸得率和纯度的影响

在混合脂肪酸与尿素比值(g/g)为 1：5,尿素与无水乙醇比值(g/mL)为 1：20,包合温度为－5 ℃的条件下,考察不同包合时间对亚油酸得率和纯度的影响。结果如图 5-8 所示。

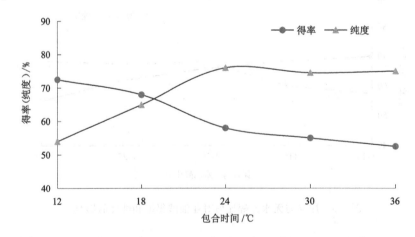

图 5-8　包合时间对亚油酸得率和纯度的影响

从图 5-8 中可以看出,当包合时间小于 24 h 时,亚油酸的纯度随包合时间的增加显著升高,得率迅速降低;当包合时间大于 24 h 时,亚油酸得率和纯度随包合时间的改变而变化不大。所以选择包合时间为 24 h。

5.3.2.5 尿素包合法纯化海蓬子籽油中亚油酸的工艺优化

影响尿素包合物形成的因素主要有脂肪酸与尿素比值、尿素与无水乙醇比值、包合温度、包合时间、结晶的速率和溶剂的类型。本书重点考察前四种因素的影响,每个因素选取三个水平,选取正交表 $L_9(4^3)$ 进行正交实验并得出相应结果。正交实验因素与水平设计见表 5-6,实验结果见表 5-7。

表 5-6 尿素包合工艺优化正交实验因素与水平设计

水平	A 混合脂肪酸/尿素 /(g/g)	B 尿素/无水乙醇 /(g/mL)	C 包合温度 /℃	D 包合时间 /h
1	1:4	1:10	-5	18
2	1:5	1:20	5	24
3	1:6	1:30	15	30

表 5-7 尿素包合工艺优化正交实验结果

实验编号	A	B	C	D	亚油酸得率 /%	亚油酸纯度 /%
1	1	1	1	1	72.05	66.46
2	1	2	2	2	59.07	71.79
3	1	3	3	3	62.24	79.98
4	2	1	2	3	54.51	83.56
5	2	2	2	3	51.59	71.15
6	2	3	1	2	70.21	69.52
7	3	1	3	2	59.13	70.56
8	3	2	1	3	56.50	74.29
9	3	3	2	1	69.91	73.47
K_1	72.80	73.53	70.09	70.36		
K_2	74.74	72.47	76.33	70.68		
K_3	72.77	74.32	73.90	79.28		
R	1.97	1.85	6.24	8.92		

从表 5-8 方差分析结果可知:由于尿素/无水乙醇(B)的离均差平方和较小,故把它合并在误差项,作为实验误差,相应的自由度也合并,包合时间(D)因素有显著性意义($P<0.05$),包合温度(C)与混合脂肪酸/尿素(A)两因素不显著($P>0.05$)。由表 5-7可知,极差 D>极差 C>极差 A>极差 B,故影响实验结果的因素主次顺序依次为 D、C、

A、B。尿素包合纯化亚油酸的最佳工艺条件为：$A_2B_3C_2D_3$，即混合脂肪酸/尿素（g/g）为1∶5，尿素/无水乙醇（g/mL）为1∶30，包合温度为5 ℃，包合时间为30 h。在此条件下，经过3次实验验证，亚油酸得率为65.06％，亚油酸纯度为83.96％。

表5-8 尿素包合工艺优化正交实验方差分析表

方差来源	离均差平方和	自由度	方差	F 值	显著性
A	7.654	2	3.823	1.47	0.404
C	59.407	2	29.704	11.46	0.080
D	153.457	2	76.728	29.59	0.033
误差	5.186	2	2.593		

5.4 本章小结

（1）采用超声辅助提取海蓬子籽中的亚油酸，通过对提取过程参数进行单因素实验和优化实验，最终确定提取条件为：提取时间32 min，料液比1∶30，提取温度42 ℃，超声功率250 W。在此条件下，亚油酸的提取率达到74.25％。

（2）以提取得到的海蓬子籽油为原料，采用皂化、酸化、尿素包合为工艺条件，通过单因素实验和正交实验纯化亚油酸，得出尿素包合海蓬子籽油中亚油酸的最佳工艺条件为：混合脂肪酸与尿素比值1∶5（g∶g）、尿素与无水乙醇比值1∶30（g∶mL）、包合温度5 ℃、包合时间30 h。在此条件下，亚油酸得率为65.06％，纯度为83.96％。

该工艺不仅经济适用，而且采用了超声辅助提取，大大缩短了提取时间，提取效率较高；实验设备简易，反应条件简单，纯化效果良好，而且最大限度地保护了产品品质，实验试剂可回收利用。实验结果可为海蓬子籽中亚油酸的提取及纯化工艺产业化奠定一定的基础，同时为海蓬子的开发利用开辟新的途径。

6 结论与展望

$\rangle\rangle\rangle$

随着我国人口的增长、耕地的减少以及工业的高速发展,粮食问题、资源问题、能源问题和生态问题向人类提出了严峻的挑战,盐碱滩涂资源的利用和盐生植物的开发利用引起全世界的普遍关注。我国拥有大面积的盐碱荒地和滩涂湿地,其中滩涂土壤约占海岸带土壤总面积的 17%,还有丰富的地下咸水和取之不尽的海水资源,但这些资源无法用于传统农业,长期的农业实践表明,无论是对盐碱土壤的改良,还是对传统作物的耐盐性驯化,都存在许多难以克服的困难。随着国家沿海大开发战略的实施,盐地碱蓬、红菊苣、海蓬子作为生长在沿海滩涂上的耐海水植物、盐碱地改造的"先锋植物",是具有广阔应用前景的潜在野生植物资源。它们具有适应性强、分布广泛、耐盐性强、产量高等生物学特性;具有丰富的营养成分,可作为蔬菜、油料作物、药物、食用色素、纺织原料等进行开发利用。本书从三种耐盐植物中提取有效成分,并对各提取物的特性及应用做初步探讨,结论如下:

(1) 采用超声辅助提取法,以盐地碱蓬黄酮类化合物的提取率为考察指标,在单因素实验的基础上,采用正交实验法确定了超声辅助提取盐地碱蓬黄酮类化合物的最佳工艺提取条件,超声波提取盐地碱蓬黄酮类化合物的最佳提取工艺为料液比 1∶25,超声功率 320 W,提取温度 70 ℃,乙醇浓度 55%。在此条件下,测得黄酮类化合物提取率为 4.25%;利用大孔吸附树脂对盐地碱蓬黄酮类物质进行纯化,通过测定静态时大孔吸附树脂对盐地碱蓬黄酮类物质的吸附量和解吸率以及静态吸附动力学曲线,确定出适合纯化盐地碱蓬黄酮类物质的树脂为 AB-8;经动态吸附实验确定填充柱规格为 $\phi 1.6$ cm×40 cm 时,AB-8 树脂纯化盐地碱蓬黄酮类物质的最佳条件:供试液盐地碱蓬黄酮类化合物浓度为 1.924 mg/mL,pH 值为 4.5,吸附流速为 1 BV/h,采用 70% 乙醇作洗脱剂,洗脱流速为 0.3 BV/h,操作温度为室温,纯化后的提取物中盐地碱蓬黄酮类化合物含量为 72.9%;通过比较 VC 与纯化黄酮的还原性及清除·OH 和 O_2^-·的能力,分析黄酮类化合物的抗氧化活性。根据还原性来评估黄酮类化合物总体抗氧化性能,通过 Fenton 试剂、邻苯三酚自氧化来模拟·OH 和 O_2^-·的产生,评估黄酮类化合物对两种自由基的清除效果。根据实验结果,黄酮类化合物的抗氧化性在一定范围内虽低于 VC,但随含量的增加,效果增强显著,且有超越的趋势。通过比较黄酮类化合物对不同自由基的清除率,结果表明,黄酮类化合物对·OH 的清除率小于对 O_2^-·的清除率。这可能是因为 O_2^-·在水相中的寿命约为 1 s,而·OH 的寿命约为 10^{-9} s,黄酮类化合物与寿命较长的自由基反应更充分、更彻底,却难以及时地捕捉到寿命较短的自由基,故黄酮类化合物对 O_2^-·的清除更为有效。黄酮类化合物的抗氧化活性与羟基的数目、位置有关。数目越多供氢能力越强,抗氧化能力越强,3,7,3′,4′ 位的羟基活性更高。

(2)碱蓬红色素属水溶性色素,易溶于水和含水的丙酮,难溶于无水乙醚、丙酮等纯的有机溶剂,其经紫外-可见光扫描所得波谱,在 538 nm 波长附近有最大特征吸收峰,从而初步确定 538 nm 为其最大吸收波长;盐地碱蓬红色素的耐温、耐光、耐氧化性较差,对还原剂有一定耐受性,最适宜的 pH 值为 5;Na^+ 和 Mg^{2+} 对盐地碱蓬红色素的稳定性基本无影响,而 Fe^{2+}、Ca^{2+}、Ba^{2+} 对盐地碱蓬红色素的稳定性有影响;EDTA 对盐地碱蓬红色素有一定的稳定作用,而柠檬酸对盐地碱蓬红色素的稳定效果差,因此,在贮存和使用过程中可以选用 EDTA 作为其稳定剂;通过实验得出碱蓬红色素上染改性棉织物的最佳抑菌染色一浴工艺为:染液浓度 8 g/L,pH=5,温度 70 ℃,时间 40min,浴比 1:40。在最优的染色工艺下染色后的改性棉织物皂洗牢度和摩擦牢度均在 3 级以上;改性棉织物采用碱蓬红色素染色后具有良好的抗菌性,对大肠杆菌、金黄色葡萄球菌、枯草芽孢杆菌、绿脓杆菌均具有较好的抑菌性。在最佳抗菌染色工艺下,染色织物对大肠杆菌、金黄色葡萄球菌、枯草芽孢杆菌、绿脓杆菌的抑菌率可以分别达到 81%、97%、77%、85%;通过实验和结果分析,得出碱蓬红色素染色和抗菌效果之间的关系。碱蓬红色素上染改性棉织物抑菌性变化趋势均随着碱蓬红色素质量浓度的增加而上升,染液抑菌效果临界点:对大肠杆菌、金黄色葡萄球菌、枯草芽孢杆菌、绿脓杆菌的最低抑菌浓度分别为 2.0 g/L、1.0 g/L、0.5 g/L、0.125 g/L。

(3)采用响应面法优化红菊苣花青素的提取工艺,得出理论最佳工艺为乙醇质量分数 26%、$(NH_4)_2SO_4$ 质量分数 22%、超声波频率 36 kHz、液料比 26:1(mL/g)时,提取花青素含量可达到最高。按照上述最佳提取工艺进行验证实验,平行提取 3 次,测得花青素的平均含量为 14.33 $\mu g/g$,比文献中超声辅助乙醇提取红菊苣中花青素的平均含量 9.09 $\mu g/g$ 有了大幅度的提升。花青素微胶囊的红外光谱分析和微观形貌观察显示,花青素微胶囊红外光谱中花青素吸收峰强度有所减弱,表明花青素进入了微胶囊内腔,证明包埋成功;微胶囊的形貌为圆球状,表面无孔洞和裂纹,表明改性淀粉用作包埋红菊苣花青素的壁材,可以起到很好的支撑作用。

（4）采用超声辅助提取海蓬子籽中的亚油酸，通过对提取过程参数进行单因素实验和优化实验，最终确定提取条件为：提取时间 32 min，料液比 1∶30，提取温度 42 ℃，超声功率 250 W，在此条件下，亚油酸的提取率达到 74.25%；以提取得到的海蓬子籽油为原料，采用皂化、酸化、尿素包合为工艺条件，通过单因素实验和正交实验纯化亚油酸，得出尿素包合海蓬子籽油中亚油酸的最佳工艺条件为：混合脂肪酸与尿素比值（g/g）1∶5、尿素与无水乙醇比值（g/mL）1∶30、包合温度 5 ℃、包合时间 30 h。在此条件下，亚油酸得率为 65.06%，纯度为 83.96%。

耐盐植物的开发和利用，对于开发新的药用资源、保健食品、纺织原料、海滨滩涂农业的可持续发展以及国家沿海大开发战略的实施有着无法估量的经济效益、生态效益和社会效益。

参 考 文 献

〉〉〉

[1] YU C H,YAN Y L,WU X N,et al. Anti-influenza virus effects of the aqueous extract from Mosla scabra[J]. Journal of Ethnopharmacology,2010,127(2):280-285.

[2] SUH,S J,KIM K S,LEE S D,et al. Effects and mechanisms of Clematis mandshurica Maxim. as a dual inhibitor of proinflammatory cytokines on adjuvant arthritis in rats[J]. Environmental Toxicology and Pharmacology,2006,22(2):205-212.

[3] PRAVEEN N,MURTHY H N. Production of withanolide-A from adventitious root cultures of Withania somnifera[J]. Acta Physiologiae Plantarum,2010,32(5):1017-1022.

[4] EL-SAYED M A. Effect of Arnebia hispidissima and Echium rauwolfii ethanolic root extracts on growth,forage quality and two rhizospheric soil fungi of pigeonpea [J]. Journal Für Verbraucherschutz Und Lebensmittelsicherheit,2010,5(2):145-151.

[5] JIMOH F O,ADEDAPO A A,AFOLAYAN A J. Comparison of the nutritional value and biological activities of the acetone,methanol and water extracts of the leaves of Solanum nigrum and Leonotis leonorus[J]. Food and Chemical Toxicology,2010,48(3):964-971.

[6] HE J,LIN J,LI J,et al. Dual effects of ginkgo biloba leaf extract on human red blood cells[J]. Basic & Clinical Pharmacology & Toxicology,2009,104(2):138-144.

[7] KAMMOUN M,KOUBAA I,BEN ALI Y,et al. Inhibition of pro-inflammatory se-

creted phospholipase A2 by extracts from Cynara cardunculus L[J]. Applied Biochemistry and Biotechnology,2010,162(3):662-670.

[8] BORBELY M,DAVID I. Changeability of allelopathy depending on several factors [J]. Cereal Research Communications,2008:1383-1386.

[9] 钦旦新,张勤,杨杰,等.3种樟属植物茎皮非极性成分的 GC-MS 分析[J].中国药科大学学报,2007,38(3):203-207.

[10] BHATTACHARYA S,BHATTACHARYYA S. In Vitro propagation of Jasminum officinale L.:a woody ornamental vine yielding aromatic oil from flowers[J]. Methods in Molecular Biology,2010,589:117-126.

[11] HUANG Y N,ZHAO Y L,GAO X L,et al. Intestinal alpha-glucosidase inhibitory activity and toxicological evaluation of Nymphaea stellata flowers extract[J]. Journal of Ethnopharmacology,2010,131(2):306-312.

[12] FU C L,TIAN H J,LI Q H,et al. Ultrasound-assisted extraction of xyloglucan from apple pomace[J]. Ultrasonics Sonochemistry,2006,13(6):511-516.

[13] TRIPOLI E,GUARDIA M L,GIAMMANCO S,et al. Citrus flavonoids:molecular structure,biological activity and nutritional properties:a review[J]. Food Chemistry,2007,104(2):466-479.

[14] LI B B,SMITH B,HOSSAIN M M. Extraction of phenolics from citrus peels:II. Enzyme-assisted extraction method[J]. Separation and Purification Technology, 2006,48(2):189-196.

[15] PESCHEL W,SÁNCHEZ-RABANEDA F,DIEKMANN W,et al. An industrial approach in the search of natural antioxidants from vegetable and fruit wastes[J]. Food Chemistry,2006,97(1):137-150.

[16] SIMONS A L,RENOUF M,HENDRICH S,et al. Human gut microbial degradation of flavonoids:structure-function relationships[J]. Journal of Agricultural and Food Chemistry,2005,53(10):4258-4263.

[17] HUANG W,XUE A,NIU H,et al. Optimised ultrasonic-assisted extraction of flavonoids from Folium eucommiae and evaluation of antioxidant activity in multitest systems in vitro[J]. Food Chemistry,2009,114(3):1147-1154.

[18] 许伟,郭海滨,邵荣,等.芦苇叶总黄酮抑菌及抗氧化性能研究[J].安徽农业科学,2010,38(29):16158-16161.

[19] 常丽新,贾长红,高曼,等.丁香叶黄酮的抑菌作用研究[J].食品工业科技,2010,31(10):126-128.

[20] ZOU Q,WANG N,GAO Z,et al. Antioxidant and hepatoprotective effects against acute CCl_4-induced liver damage in mice from red-fleshed apple flesh flavonoid ex-

tract[J]. Journal of Food Science,2020,85(10):3618-3627.

[21] MESSINA M,BENNINK M. 10 Soyfoods,isoflavones and risk of colonic cancer:a review of the in vitro and in vivo data[J]. Baillière's Clinical Endocrinology and Metabolism,1998,12(4):707-728.

[22] ZI X,GRASSO A W,KUNG H J,et al. A flavonoid antioxidant,silymarin,inhibits activation of erb B1 signaling and induces cyclin-dependent kinase inhibitors,G1 arrest,and anticarcinogenic effects in human prostate carcinoma DU145 cells[J]. Cancer Research,1998,58(9):1920-1929.

[23] 杜虹韦,赵欣蕾.黄芪黄酮对 S180 小鼠肿瘤细胞的影响研究[J].黑龙江中医药, 2018,47(5):173-174.

[24] WANG Z J,LI H Y,YAN J Y,et al. Flavonoid compound breviscapine suppresses human osteosarcoma Saos-2 progression property and induces apoptosis by regulating mitochondria-dependent pathway[J]. Journal of Biochemical and Molecular Toxicology,2021,35(1):e22633.

[25] FENG X L,ZHAN X X,ZUO L S,et al. Associations between serum concentration of flavonoids and breast cancer risk among Chinese women[J]. European Journal of Nutrition,2021,60(3):1347-1362.

[26] CASSIDY A,HUANG T Y,RICE M S,et al. Intake of dietary flavonoids and risk of epithelial ovarian cancer[J]. The American Journal of Clinical Nutrition,2014, 100(5):1344-1351.

[27] NGWA W,KUMAR R,THOMPSON D,et al. Potential of flavonoid-inspired phytomedicines against COVID-19[J]. Molecules,2020,25(11):2707.

[28] JAIN A S,SUSHMA P,DHARMASHEKAR C,et al. In silico evaluation of flavonoids as effective antiviral agents on the spike glycoprotein of SARS-CoV-2[J]. Saudi Journal of Biological Sciences,2021,28(1):1040-1051.

[29] JO S,KIM S,SHIN D H,et al. Inhibition of SARS-CoV 3CL protease by flavonoids[J]. Journal of Enzyme Inhibition and Medicinal Chemistry,2020,35(1): 145-151.

[30] QIN N,CHEN Y,JIN M N,et al. Anti-obesity and anti-diabetic effects of flavonoid derivative (Fla-CN) via microRNA in high fat diet induced obesity mice [J]. European Journal of Pharmaceutical Sciences,2016,82:52-63.

[31] KHAERUNNISA S,AMINAH N S,KRISTANTI A N,et al. Isolation and identification of a flavonoid compound and in vivo lipid-lowering properties of Imperata cylindrica[J]. Biomedical Reports,2020,13(5):38.

[32] PARMENTER B H,CROFT K D,HODGSON J M,et al. An overview and update

on the epidemiology of flavonoid intake and cardiovascular disease risk[J]. Food & Function,2020,11(8):6777-6806.

[33] 戴小华,阿依姑丽·艾合麦提,谷虹霏,等.野山杏总黄酮抗急性炎症作用研究[J].新疆农业大学学报,2017,40(2):106-110.

[34] SHISHTAR E,ROGERS G T,BLUMBERG J B,et al. Long-term dietary flavonoid intake and risk of Alzheimer disease and related dementias in the Framingham Offspring Cohort[J]. The American Journal of Clinical Nutrition,2020, 112(2):343-353.

[35] 胡敏,张艳红,胡艳,等.银杏黄酮苷的水浸提方法研究[J].食品与发酵工业,1998, 24(4):31-34.

[36] 何明祥.仙草中黄酮的热水法提取[J].农产品加工(学刊),2008(8):43-47.

[37] 刘金香,王水兴,范青生.碱溶酸沉法提取银杏叶总黄酮[J].安徽农业科学,2008, 36(26):11386-11388.

[38] LI X N,HUANG J L,WANG Z D,et al. Alkaline extraction and acid precipitation of phenolic compounds from longan (*Dimocarpus longan L.*) seeds[J]. Separation and Purification Technology,2014,124:201-206.

[39] 赵象忠.天梯山人参果黄酮有机溶剂提取工艺的研究[J].中国食物与营养,2014, 20(3):47-51.

[40] LIU Y Q,WANG H W,CAI X. Optimization of the extraction of total flavonoids from Scutellaria baicalensis Georgi using the response surface methodology[J]. Journal of Food Science and Technology,2015,52(4):2336-2343.

[41] 于海莲,胡震.用甲醇从仙人掌中提取黄酮[J].食品研究与开发,2015,36(6): 42-44.

[42] CHEMAT F,VIAN M A,CRAVOTTO G. Green extraction of natural products: concept and principles [J]. International Journal of Molecular Sciences,2012, 13(7):8615-8627.

[43] HUANG Y,FENG F,JIANG J,et al. Green and efficient extraction of rutin from Tartary buckwheat hull by using natural deep eutectic solvents[J]. Food Chemistry,2017,221:1400-1405.

[44] MENG Z R,ZHAO J,DUAN H X,et al. Green and efficient extraction of four bioactive flavonoids from Pollen Typhae by ultrasound-assisted deep eutectic solvents extraction[J]. Journal of Pharmaceutical and Biomedical Analysis,2018,161: 246-253.

[45] WRONA O,RAFINSKA K,MOZENSKI C,et al. Supercritical fluid extraction of bioactive compounds from plant materials[J]. Journal of Aoac International,2017,

100(6):1624-1635.

[46] 潘利华. 大豆异黄酮糖苷的超临界流体萃取及固定化酶转化研究[D]. 合肥:合肥工业大学,2009.

[47] 刘雯,李素娟,马丹凤. 超临界 CO_2 萃取银杏叶中总黄酮醇苷的夹带剂工艺条件[J]. 中国现代医学杂志,2017,27(3):41-44.

[48] 王静,申玉飞,杨清香. 亚临界萃取荨麻草中黄酮类化合物的工艺研究[J]. 陕西农业科学,2016,62(8):18-20.

[49] KIM D S,LIM S B. Kinetic study of subcritical water extraction of flavonoids from citrus unshiu peel[J]. Separation and Purification Technology,2020,250:117259.

[50] WANG Y Q,GAO Y J,DING H,et al. Subcritical ethanol extraction of flavonoids from Moringa oleifera leaf and evaluation of antioxidant activity[J]. Food Chemistry,2017,218:152-158.

[51] ZHANG D Y,ZU Y G,FU Y J,et al. Aqueous two-phase extraction and enrichment of two main flavonoids from pigeon pea roots and the antioxidant activity[J]. Separation and Purification Technology,2013,102:26-33.

[52] LIU Y,HAN J,WANG Y,et al. Selective separation of flavones and sugars from honeysuckle by alcohol/salt aqueous two-phase system and optimization of extraction process[J]. Separation and Purification Technology,2013,118:776-783.

[53] 张兆旺,孙秀梅. "半仿生提取法"的特点与应用[J]. 世界科学技术,2000,2(1):35-38.

[54] 张兆旺,孙秀梅. 试论"半仿生提取法"制备中药口服制剂[J]. 中国中药杂志,1995,20(11):670-673.

[55] LAI H F,WU Z H,DENG X C. Study on the semi-bionic extraction technology of total flavonoids from radix wikstroemae[J]. Medicinal Plant,2011,2(8):52-55.

[56] 薛璇玑,罗俊,张新新,等. 半仿生酶法提取柿叶中总黄酮的工艺筛选及优化[J]. 中国药房,2017,28(13):1813-1816.

[57] CHEN G,XIAO C. Ultrasonic-assisted semi-bionic extraction of total flavonoids from soutellaria barata[J]. Medicinal Plant,2014,5(1):7-10.

[58] QIN L Z,CHEN H Z. Enhancement of flavonoids extraction from fig leaf using steam explosion[J]. Industrial Crops and Products,2015,69:1-6.

[59] 魏锦锦,辛东林,陈翔,等. 蒸汽爆破预处理对杜仲皮活性成分和杜仲胶提取的影响[J]. 林产化学与工业,2019,39(1):88-94.

[60] DORADO C,CAMERON R G,MANTHEY J A. Study of static steam explosion of citrus sinensis juice processing waste for the isolation of sugars,pectic hydrocolloids,flavonoids,and peel oil[J]. Food and Bioprocess Technology,2019,

12(8):1293-1303.

[61] LUENGO E,ÁLVAREZ I,RASO J. Improving the pressing extraction of polyphenols of orange peel by pulsed electric fields[J]. Innovative Food Science & Emerging Technologies,2013,17:79-84.

[62] SIDDEEG A,FAISAL MANZOOR M,HASEEB AHMAD M,et al. Pulsed electric field-assisted ethanolic extraction of date palm fruits:bioactive compounds, antioxidant activity and physicochemical properties [J]. Processes,2019, 7(9):585.

[63] 李烨,朱志强,集贤,等.响应面优化超声波法提取竹叶黄酮[J].西华大学学报(自然科学版),2019,38(5):78-83.

[64] JI Y B,GUO S Z,WANG B,et al. Extraction and determination of flavonoids in Carthamus tinctorius[J]. Open Chemistry,2018,16:1129-1133.

[65] 柳迪,胡家勇,程银棋,等.微波辅助乙醇法提取胶囊类保健食品中总黄酮[J].食品工业,2019,40(11):158-161.

[66] MANGANG K C S,CHAKRABORTY S,DEKA S C. Optimized microwave-assisted extraction of bioflavonoids from Albizia myriophylla bark using response surface methodology[J]. Journal of Food Science and Technology,2020,57(6): 2107-2117.

[67] 王敏,高锦明,王军,等.苦荞茎叶粉中总黄酮酶法提取工艺研究[J].中草药,2006, 37(11):1645-1648.

[68] ANTONIO Z,ROBERTO L,NGEL D G,et al. Optimization of enzyme-assisted extraction of flavonoids from corn husks[J]. Processes,2019,7(11):804.

[69] 薛晶晶,乔婧,高建德,等.酶辅助提取纯化芹菜总黄酮的工艺研究[J].中兽医医药杂志,2019,38(6):73-76.

[70] XIE J,SHI L X,ZHU X Y,et al. Mechanochemical-assisted efficient extraction of rutin from Hibiscus mutabilis L[J]. Innovative Food Science & Emerging Technologies,2011,12(2):146-152.

[71] ZHU X Y,MANG Y L,XIE J,et al. Response surface optimization of mechanochemical-assisted extraction of flavonoids and terpene trilactones from Ginkgo leaves[J]. Industrial Crops and Products,2011,34(1):1041-1052.

[72] HU C,XIONG Z Y,XIONG H G,et al. The formation mechanism and thermodynamic properties of potato protein isolate-chitosan complex under dynamic high-pressure microfluidization(DHPM) treatment[J]. International Journal of Biological Macromolecules,2020,154:486-492.

[73] JING S Q,WANG S S,LI Q,et al. Dynamic high pressure microfluidization-assis-

ted extraction and bioactivities of Cyperus esculentus (C. esculentus L.) leaves flavonoids[J]. Food Chemistry,2016,192:319-327.

[74] ZUORRO, LAVECCHIA, GONZÁLEZ-DELGADO, et al. Optimization of enzyme-assisted extraction of flavonoids from corn husks[J]. Processes, 2019, 7(11):804.

[75] 郭改,菅田田,齐蕊,等. 油莎草总黄酮的动态高压微射流辅助提取及其在曲奇饼干中的应用[J]. 现代食品科技,2017,33(3):184-190.

[76] 牛改改,邓建朝,李来好,等. 加速溶剂萃取技术提取海刀豆中总黄酮的工艺研究[J]. 南方水产科学,2014,10(1):78-85.

[77] OKIYAMA D C G,SOARES I D,CUEVAS M S,et al. Pressurized liquid extraction of flavanols and alkaloids from cocoa bean shell using ethanol as solvent[J]. Food Research International,2018,114:20-29.

[78] 陈卓君,艾买提·阿曼古力,戴蕴青,等. 响应面法优化闪式提取玫瑰黄酮化合物工艺[J]. 食品工业科技,2011,32(12):387-390.

[79] 王全泽,袁堂丰,刘磊磊,等. 响应面法优化闪式提取罗汉松总黄酮及其抗氧化活性[J]. 精细化工,2018,35(1):65-71.

[80] 邱相坡,梁璇,王文斌. 基于响应面法的连翘果实总黄酮闪式提取工艺优化[J]. 山西农业科学,2020,48(3):452-457.

[81] XU L,HE W J,LU M,et al. Enzyme-assisted ultrasonic-microwave synergistic extraction and UPLC-QTOF-MS analysis of flavonoids from Chinese water chestnut peels[J]. Industrial Crops and Products,2018,117:179-186.

[82] 吴淑清,艾丛苹,栾茗然,等. 复合酶协同超声辅助提取东北土当归叶中总黄酮及其抑菌活性的研究[J]. 江苏调味副食品,2021,38(3):37-40.

[83] 邢瑞光,李亚男. 天然产物 Chimonanthine 的全合成研究进展[J]. 化学试剂,2012,34(9):811-815.

[84] 张灿,张惠斌,黄文龙. 蝙蝠葛酚性生物碱的提取工艺研究[J]. 中草药,1997,28(5):274-276.

[85] 黄新昇,赵宇,柳军玺,等. 逆流萃取法提取甘肃棘豆中的苦马豆素[J]. 精细化工,2007,24(4):341-344.

[86] 陈平,邢振荣. 延胡索总生物碱提取与分析方法比较[J]. 中国现代应用药学,1993,10(6):15-16.

[87] DENG C H,LIU N,GAO M X,et al. Recent developments in sample preparation techniques for chromatography analysis of traditional Chinese medicines[J]. Chromatography A,2007,1153(1/2):90-96.

[88] 赵宋亮,陶春元,谢宝华. 超临界 CO_2 萃取菊三七生物碱的工艺研究[J]. 中药材,

2008,31(11):1749-1751.

[89] 张良,袁瑜,李玉锋.CO$_2$超临界萃取川贝母游离生物碱工艺研究[J].西华大学学报(自然科学版),2008,27(1):39-41.

[90] WANG Z H,SONG M,MA Q L,et al. Two-phase aqueous extraction of chromium and its application to speciation analysis of chromium in plasma[J]. Microchimica Acta,2000,134(1/2):95-99.

[91] 董新荣,曾建国.北美黄连主要生物碱的提取与分离[J].精细化工中间体,2001,31(3):33-35.

[92] 尚庆坤,玄玉实,朱东霞,等.高效制备液相色谱法分离制备菱角壳中的生物碱[J].东北师大学报,2007,39(2):82-86.

[93] 黄建明,郭济贤,陈万生,等.大孔树脂对草乌生物碱的吸附性能及提纯工艺[J].复旦学报(医学版),2003,30(3):267-269.

[94] 迟玉明,赵晞瑛,吉泽丰吉,等.离子交换树脂用于角蒿总生物碱的纯化研究[J].天然产物研究与开发,2005,17(5):617-621.

[95] 董襄朝,王薇,王海波,等.麻黄碱印迹聚合物合成条件对其形态及结合特性的影响[J].色谱,2005,23(1):7-11.

[96] XU S L,WANG J W,XU S M,et al. Purification of octacosanol by agitated short-path distillation [J]. Chinese Journal of Chemical Engineering, 2003, 11(4): 480-482.

[97] KOJIMA H,AKAKI J,NAKAJIMA S,et al. Structural analysis of glycogen-like polysaccharides having macrophage-activating activity in extracts of Lentinula edodes mycelia[J]. Journal of Natural Medicines,2010,64(1):16-23.

[98] LO T C T,JIANG Y H,CHAO A L J,et al. Use of statistical methods to find the polysaccharide structural characteristics and the relationships between monosaccharide composition ratio and macrophage stimulatory activity of regionally different strains of Lentinula edodes[J]. Analytica Chimica Acta,2007,584(1):50-56.

[99] 宣丽,刘长江.软枣猕猴桃多糖的免疫活性[J].食品与发酵工业,2013,39(5):59-61.

[100] ZHAO Q S,XIE B X,YAN J,et al. In vitro antioxidant and antitumor activities of polysaccharides extracted from Asparagus officinalis[J]. Carbohydrate Polymers,2012,87(1):392-396.

[101] CHEN H Y,YEN G C. Possible mechanisms of antimutagens by various teas as judged by their effects on mutagenesis by 2-amino-3-methylimidazo[,5-f]quinoline and benzo[a]pyrene[J]. Mutation Research/Genetic Toxicology and Environmental Mutagenesis,1997,393(1/2):115-122

[102] 阚建全,王雅茜,陈宗道,等.甘薯活性多糖抗突变作用的体外实验研究[J].中国粮油学报,2001,16(1):23-27.

[103] 陈美珍,余杰,龙梓洁,等.龙须菜多糖抗突变和清除自由基作用的研究[J].食品科学,2005,26(7):219-222.

[104] 孟宪军,刘晓晶,孙希云,等.蓝莓多糖的抗氧化性与抑菌作用[J].食品科学,2010,31(17):110-114.

[105] LI J L,WANG Y Q,HUANG J,et al. Characterization of antioxidant polysaccharides in bitter gourd(Momordica charantia L.) cultivars[J]. Journal of Food Agriculture & Environment,2010,8(3/4):117-120.

[106] 孙婕,尹国友,陈兰英,等.复合酶法提取南瓜多糖及其抗氧化性的研究[J].安徽农业科学,2010,38(32):18064-18066.

[107] LI J L,WANG Y Q,ZHANG D,et al. Characterization and bioactivity of water-soluble polysaccharides from the fruit of pumpkin[J]. Journal of Food,Agriculture & Environment,2010,8(2):237-241.

[108] FLOOD J F,BAKER M L,DAVIS J L. Modulation of memory processing by glutamic acid receptor agonists and antagonists[J]. Brain Research,1990,521(1/2):197-202.

[109] DAVIS J M,BAILEY S P. Possible mechanisms of central nervous system fatigue during exercise[J]. Medicine and Science in Sports and Exercise,1997,29(1):45-57.

[110] XU C,LV J L,YOU S P,et al. Supplementation with oat protein ameliorates exercise-induced fatigue in mice[J]. Food & Function,2013,4(2):303-309.

[111] WANG J,LI S S,FAN Y Y,et al. Anti-fatigue activity of the water-soluble polysaccharides isolated from Panax ginseng C. A. Meyer[J]. Journal of Ethnopharmacology,2010,130(2):421-423.

[112] QIAO D L,KE C L,HU B,et al. Antioxidant activities of polysaccharides from hyriopsis cumingii[J]. Carbohydrate Polymers,2009,78(2):199-204.

[113] 刘兵.桑葚多糖对小鼠抗疲劳作用及其机制研究[J].河南农业大学学报,2014,48(4):465-469.

[114] ZIMM B H. The scattering of light and the radial distribution function of high polymer solutions[J]. The Journal of Chemical Physics,1948,16(12):1093-1099.

[115] 吴建中,陈静,郭开平,等.番石榴多糖对糖尿病小鼠的血糖及胸腺、脾指数的影响[J].天然产物研究与开发,2007,19(1):84-87.

[116] 陈红漫,李寒雪,阚国仕,等.苦瓜多糖的抗氧化活性与降血糖作用相关性研究[J].食品工业科技,2012,33(18):349-351.

[117] 刘颖,金宏,许志勤,等.南瓜多糖对糖尿病大鼠血糖和血脂的影响[J].中国应用生理学杂志,2006,22(3):358-361.

[118] LIU C J,LIN J Y. Anti-inflammatory and anti-apoptotic effects of strawberry and mulberry fruit polysaccharides on lipopolysaccharide-stimulated macrophages through modulating pro-/ anti-inflammatory cytokines secretion and Bcl-2/Bak protein ratio[J]. Food and Chemical Toxicology,2012,50(9):3032-3039.

[119] 曾红亮,卢旭,卞贞玉,等.响应面分析法优化金柑多糖的提取工艺[J].福建农林大学学报(自然科学版),2012,41(3):315-319.

[120] 马洪波,宋春梅,张岚,等.桑叶多糖的碱性提取及含量测定[J].安徽农业科学,2011,39(3):1367-1369.

[121] 张丽霞,张伟娜,李凌智,等.不同提取方法对桦褐孔菌多糖抗氧化活性的影响[J].安徽农业科学,2012,40(10):5870-5872.

[122] 鞠兴荣,税丹,何荣,等.响应面分析法优化菜籽多糖酸法提取工艺的研究[J].中国粮油学报,2012,27(3):89-93.

[123] 梁敏,邹东恢,郭宏文,等.复合酶法提取金针菇多糖及光谱分析[J].湖北农业科学,2012,51(6):1210-1213.

[124] 董玲玲,黄鑫,齐阳光,等.酶解-微波法提取黄芪多糖的工艺研究[J].浙江工业大学学报,2011,39(5):528-531.

[125] 丁昌玲,孙修涛,王飞久,等.超声波酶解法提取鼠尾藻多糖[J].渔业科学进展,2011,32(6):92-98.

[126] 焦光联,杨艳,何葆华.超滤提取黄芪多糖的工艺研究[J].化学与生物工程,2010,27(8):58-61.

[127] 陈明,熊琳媛,袁城.茶叶中多糖提取技术进展及超临界萃取探讨[J].安徽农业科学,2011,39(8):4770-4771.

[128] 吴疆,班立桐.应用双水相萃取技术提取双孢蘑菇多糖的研究[J].食品研究与开发,2011,32(7):4-7.

[129] 蔡光华,王晓玲.高压脉冲电场提取枸杞多糖工艺[J].食品科学,2012,33(8):43-48.

[130] 王丽娜,李妍,邢红红,等.ZTC1+1Ⅱ天然澄清剂在菊芋多糖提纯中的应用[J].食品研究与开发,2012,33(3):61-63.

[131] 刘佳杰,徐明亮.冻融辅助法提取米糠多糖工艺的研究[J].科技传播,2012,4(9):136-137.

[132] KNOBLOCH K,PAULI A,IBERL B,et al. Antibacterial and antifungal properties of essential oil components[J]. Journal of Essential Oil Research,1989,1(3):119-128.

［133］ FARAG R S,DAW Z Y,HEWEDI F M,et al. Antimicrobial activity of some Egyptian spice essential oils［J］. Journal of Food Protection,1989,52（9）: 665-667.

［134］ MONTI D,CHETONI P,BURGALASSI S,et al. Effect of different terpene-containing essential oils on permeation of estradiol through hairless mouse skin［J］. International Journal of Pharmaceutics,2002,237(1/2):209-214.

［135］ EDRIS A E. Pharmaceutical and therapeutic potentials of essential oils and their individual volatile constituents: a review［J］. Phytotherapy Research,2007, 21(4):308-323.

［136］ BEZIC N,VUKO E,DUNKIC V,et al. Antiphytoviral activity of sesquiterpene-rich essential oils from four Croatian teucrium species［J］. Molecules,2011, 16(9):8119-8129.

［137］ MASTELIC J,POLITEO O,JERKOVIC I,et al. Composition and antimicrobial activity of helichrysum italicum essential oil and its terpene and terpenoid fractions［J］. Chemistry of Natural Compounds,2005,41(1):35-40.

［138］ RUBERTO G,BARATTA M T. Antioxidant activity of selected essential oil components in two lipid model systems［J］. Food Chemistry,2000,69（2）: 167-174.

［139］ DONDORP A M,NOSTEN F,YI P,et al. Artemisinin resistance in Plasmodium falciparum malaria［J］. The New England Journal of Medicine,2009,361(5):455-467.

［140］ MIMICA-DUKIC N,BOZIN B,SOKOVIC M,et al. Antimicrobial and antioxidant activities of Melissa officinalis L. (Lamiaceae) essential oil［J］. Journal of Agricultural and Food Chemistry,2004,52(9):2485-2489.

［141］ LUCCHESI M E,CHEMAT F,SMADJA J. Solvent-free microwave extraction of essential oil from aromatic herbs:comparison with conventional hydro-distillation ［J］. Journal of Chromatography A,2004,1043(2):323-327.

［142］ ISIDOROV V,JDANOVA M. Volatile organic compounds from leaves litter［J］. Chemosphere,2002,48(9):975-979.

［143］ CAVANAGH H M A,WILKINSON J M. Biological activities of Lavender essential oil［J］. Phytotherapy Research,2002,16(4):301-308.

［144］ LUMPKIN T A,PLUCKNETT D L. Azolla:Botany,physiology,and use as a green manure［J］. Economic Botany,1980,34(2):111-153.

［145］ YOU J,CUI F D,HAN X,et al. Study of the preparation of sustained-release microspheres containing zedoary turmeric oil by the emulsion-solvent-diffusion

method and evaluation of the self-emulsification and bioavailability of the oil[J].
Colloids and Surfaces B:Biointerfaces,2006,48(1):35-41.

[146] CHEMINAT A,BENEZRA C,FARRALL M,et al. Removal of allergens from natural oils by selective binding to polymer supports. Ⅱ. Application of aminated resins to isoalantolactone and costus oil[J]. Canadian Journal of Chemistry, 1981,59:1405-1414.

[147] SOWBHAGYA H B,PURNIMA K T,FLORENCE S P,et al. Evaluation of enzyme-assisted extraction on quality of garlic volatile oil[J]. Food Chemistry, 2009,113(4):1234-1238.

[148] 张学愈,盛勇,邹俊,等.压榨法提取温莪术挥发油收率及药效学研究[J].四川中医,2007,25(9):44-45.

[149] 闫克玉,贾玉红,闫洪洋.水蒸气蒸馏萃取法和同时蒸馏萃取法提取款冬花挥发油的比较[J].河南农业科学,2008,37(7):91-93.

[150] 娄方明,李群芳,张倩茹,等.微波辅助水蒸气蒸馏走马胎挥发油的研究[J].中药材,2010,33(5):815-819.

[151] 章亚芳,魏林生,蒋柏泉,等.微波辅助蒸汽蒸馏提取-气相色谱-质谱法测定矮化芳樟枝叶挥发油成分[J].理化检验-化学分册,2012,48(6):649-652.

[152] 张迪,赵铭钦,姬小明,等.超声波辅助萃取杭白菊挥发油工艺研究[J].西南农业学报,2010,23(6):2046-2048.

[153] 庞启华,何建华,曾润娟,等.不同方法提取高良姜挥发油的比较研究[J].药物生物技术,2008,15(1):54-58.

[154] 谢丽莎,龚志强,欧阳炜,等.超临界 CO_2 萃取法与水蒸气蒸馏法提取香茅草挥发油化学成分比较[J].安徽农业科学,2012,40(20):10397-10398.

[155] JIMÉNEZ-CARMONA M M,UBERA J L,LUQUE DE CASTRO M D. Comparison of continuous subcritical water extraction and hydrodistillation of marjoram essential oil[J]. Journal of Chromatography A,1999,855(2):625-632.

[156] 薛月芹,袁珂,朱美晓,等.不同方法提取-GC/MS 法分析淡竹叶中的挥发油化学成分[J].药物分析杂志,2009,29(6):954-960.

[157] 周志,徐永霞,胡昊.顶空固相微萃取和同时蒸馏萃取应用于 GC-Ms 分析野生刺梨汁挥发性成分的比较研究[J].食品科学,2011,32(16):279-282.

[158] 崔刚.分子蒸馏法分离提取大蒜精油[J].食品科学,2010,31(24):236-240.

[159] 丁兴红,温成平,丁志山,等.木聚糖酶法提取温莪术挥发油关键因子研究[J].时珍国医国药,2010,21(3):598-599.

[160] 汤海鸥,程茂基,赵彩艳,等.复合酶法提取松针粉挥发油的研究[J].江西饲料,2005(5):9-11.

[161] 王娣,任茂生,许晖. 利用微胶囊双水相体系萃取百里香精油的研究[J]. 中国调味品,2012,37(4):30-33.

[162] YE Q,CHEN Z B,CHEN W H,et al. Rapid analysis of the essential oil components of dried radix angelicae dahuricae by infrared-assisted distillation and simultaneous headspace solid-phase micro extraction followed by GC-MS[J]. Journal of Shangrao Normal University,2010,30(3):44-52.

[163] DENG C H,XU X Q,YAO N,et al. Rapid determination of essential oil compounds in Artemisia Selengensis Turcz by gas chromatography-mass spectrometry with microwave distillation and simultaneous solid-phase microextraction[J]. Analytica Chimica Acta,2006,556(2):289-294.

[164] ALBAHO M,GREEN J L. Suaeda salsa,a desalinating companion plant for greenhouse tomato[J]. Hortscience,2000,35:620-623.

[165] 于海芹,张天柱,魏春雁,等. 3 种碱蓬属植物种子含油量及其脂肪酸组成研究[J]. 西北植物学报,2005,25(10):2077-2082.

[166] 李洪山,范艳霞. 盐地碱蓬籽油的提取及特性分析[J]. 中国油脂,2010,35(1):74-76.

[167] 姜雪. 盐地碱蓬色素研究[D]. 辽宁:大连工业大学,2013.

[168] 高健. 盐地碱蓬中黄酮类物质的提取及抗氧化性研究[J]. 盐城工学院学报(自然科学版),2005,18(2):55-57.

[169] 张跃林,张滨. 碱蓬中黄酮的提取工艺与鉴别[J]. 中国食物与营养,2008,14(8):46-47.

[170] ROBERT E O,HARRY R. Biosythesis of ubiquinone[J]. Vitamins & Hormones,1983,40:1-43.

[171] NOHL H,KOZLOV A V,STANIEK K,et al. The multiple functions of coenzyme Q[J]. Bioorganic Chemistry,2001,29(1):1-13.

[172] 戴蕴青,韩雅珊,钟粟. 黄须菜的营养成分分析及评价[J]. 中国农业大学学报,1997,2(1):71-73.

[173] FLORES-HOLGUÍN N,GLOSSMAN-MITNIK D. CHIH-DFT determination of the molecular structure,infrared and ultraviolet spectra of the antiparasitic drug megazol[J]. Journal of Molecular Structure:THEOCHEM,2004,681(1/2/3):77-82.

[174] HOSSEINIMEHR S J. Foundation review:trends in the development of radioprotective agents[J]. Drug Discovery Today,2007,12(19/20):794-805.

[175] YAO L H,JIANG Y M,SHI J,et al. Flavonoids in food and their health benefits[J]. Plant Foods for Human Nutrition,2004,59:113-122.

[176] 李梦秋,朱爱华,郑维发. 盐地碱蓬幼苗水提取物对小鼠非特异性免疫功能的影响[J]. 江苏师范大学学报(自然科学版),2000(3):57-58,61.

[177] BENWAHHOUD M,JOUAD H,EDDOUKS M,et al. Hypoglycemic effect of Suaeda fruticosa in Streptozotocin-induced diabetic rats[J]. Journal of Ethnopharmacology,2001,76:35-38.

[178] WANG J,SUN B G,CAO Y P,et al. Optimisation of ultrasound-assisted extraction of phenolic compounds from wheat bran[J]. Food Chemistry,2008,106(2):804-810.

[179] ROMDHANE M,GOURDON C. Investigation in solid-liquid extraction:influence of ultrasound[J]. Chemical Engineering Journal,2002,87(1):11-19.

[180] STINTZING F C,SCHIEBER A,CARLE R. Erratum:betacyanins in fruits from red-purple pitaya[J]. Hylocereus polyrhizus (Weber) Britton & Rose Food Chemistry,2002,77(1):101-106.

[181] 张冒飞,何叶丽,纪俊玲. 真丝织物的青柿天然染料染色[J]. 印染,2015,41(23):1-5.

[182] 张樱,王利君. 桑蚕丝织物柿漆染色工艺及性能[J]. 丝绸,2021,58(5):1-7.

[183] 李亚琼,王越平,王青瑜. 天然染料的日晒色牢度评价及影响因素分析[J]. 北京服装学院学报(自然科学版),2017,37(3):19-24.

[184] WIZI J,WANG L,HOU X L,et al. Ultrasound-microwave assisted extraction of natural colorants from sorghum husk with different solvents[J]. Industrial Crops and Products,2018,120:203-213.

[185] 杨颖,张晓旭,刘娜. 栀子黄在真丝织物上的印花研究[J]. 针织工业,2013(4):56-58.

[186] REHMAN F,SANBHAL N,NAVEED T,et al. Antibacterial performance of Tencel fabric dyed with pomegranate peel extracted via ultrasonic method[J]. Cellulose,2018,25(7):4251-4260.

[187] ADEEL S,ZUBER M,Fazal-Ur-Rehman,et al. Microwave-assisted extraction and dyeing of chemical and bio-mordanted cotton fabric using harmal seeds as a source of natural dye[J]. Environmental Science and Pollution Research International,2018,25(11):11100-11110.

[188] AVINC O,CELIK A,GEDIK G,et al. Natural dye extraction from waste barks of Turkish red pine (Pinus brutia Ten.) timber and eco-friendly natural dyeing of various textile fibers[J]. Fibers and Polymers,2013,14(5):866-873.

[189] ROY M S,BALRAJU P,KUMAR M,et al. Dye-sensitized solar cell based on Rose Bengal dye and nanocrystalline TiO_2[J]. Solar Energy Materials and Solar

Cells,2008,92(8):909-913.

[190] 谢寿东,张慧,王刚,等. 叶绿素与 4 种天然染料共敏化太阳电池的光电化学性能研究[J]. 光电子·激光,2016,27(12):1267-1273.

[191] 宿树兰,吴启南,欧阳臻,等. 超临界 CO_2 萃取测定姜黄中姜黄素的实验研究[J]. 中国中药杂志,2004,29(9):857-860.

[192] 邵伟,唐明,熊泽. 超临界 CO_2 萃取红曲色素的研究[J]. 中国酿造,2005,24(7):22-24.

[193] 张磊,李英富,崔永珠. 复合酶法紫草天然染料的提取及其染色性能[J]. 大连工业大学学报,2011,30(1):69-73.

[194] WANG C Q,ZHAO J IQ,CHEN M,et al. Identification of betacyanin and effects of environmental factors on its accumulation in halophyte suceda salsa[J]. Journal of Plant Physiology and Molecular Biology,2006,32(2):195-201.

[195] 张伟,朱蓓,陈宇岳. 壳聚糖季铵盐在桑蚕丝织物抗菌整理中的应用[J]. 纺织学报,2010,31(10):70-74.

[196] 李萍. 改性棉织物姜黄染色工艺设计[J]. 纺织科技进展,2011(3):1-3.

[197] 赵涛,王革辉. 抗菌性阳离子活性染料对不同纤维的染色及抗菌性能[J]. 东华大学学报(自然科学版),2010,36(6):645-648.

[198] WANG Y,LIN Z J,ZHANG B,et al. Cichorium intybus L. promotes intestinal uric acid excretion by modulating ABCG2 in experimental hyperuricemia[J]. Nutrition & Metabolism,2017,14:38.

[199] AMER A M. Antimicrobial effects of Egyptian local chicory,Cichorium endivia subsp. pumilum[J]. International Journal of Microbiology,2018:6475072.

[200] 朱建星,尹元元,王红艳,等. 乙醇溶液体系酶解-微波辅助提取红菊苣总苷[J]. 食品工业科技,2017,38(20):83-89.

[201] CAI Z,QU Z Q,LAN Y,et al. Conventional,ultrasound-assisted,and accelerated-solvent extractions of anthocyanins from purple sweet potatoes[J]. Food Chemistry,2016,197:266-272.

[202] WANG W J,JUNG J,TOMASINO E,et al. Optimization of solvent and ultrasound-assisted extraction for different anthocyanin rich fruit and their effects on anthocyanin compositions[J]. LWT-Food Science and Technology,2016,72:229-238.

[203] YANG Z D,ZHAI W W. Optimization of microwave-assisted extraction of anthocyanins from purple corn (Zea mays L.) cob and identification with HPLC-MS[J]. Innovative Food Science & Emerging Technologies,2010,11(3):470-476.

[204] 薛婷,原雪,冯佳乐,等. 响应面法优化蓝莓花青素提取工艺参数[J]. 福建师范大

学学报(自然科学版),2016,32(1):71-77.

[205] ESPADA-BELLIDO E,FERREIRO-GONZÁLEZ M,CARRERA C,et al. Optimization of the ultrasound-assisted extraction of anthocyanins and total phenolic compounds in mulberry (Morus nigra) pulp[J]. Food Chemistry,2017,219:23-32.

[206] 田喜强,董艳萍.超声波辅助提取紫薯花青素及抗氧化性研究[J].中国酿造,2014,33(1):77-80.

[207] 向道丽.酶法提取越桔果渣花色苷酶解条件的研究[J].中国林副特产,2005(6):1-3.

[208] 闫亚美,冉林武,曹有龙,等.黑果枸杞花色苷含量测定方法研究[J].食品工业,2012,33(6):145-147.

[209] 杨莹莹,王晓燕,冯夏珍,等.HPLC测定黄刺玫果中主要花青素的成分及其含量[J].中国食品添加剂,2018(10):173-178.

[210] LI D N,MENG X J,LI B. Profiling of anthocyanins from blueberries produced in China using HPLC-DAD-MS and exploratory analysis by principal component analysis[J]. Journal of Food Composition and Analysis,2016,47:1-7.

[211] LEE J H,LIM J D,CHOUNG M G. Studies on the anthocyanin profile and biological properties from the fruits of Acanthopanax senticosus (Siberian Ginseng)[J]. Journal of Functional Foods,2013,5(1):380-388.

[212] SU X Y,XU J T,RHODES D,et al. Identification and quantification of anthocyanins in transgenic purple tomato[J]. Food Chemistry,2016,202:184-188.

[213] 昝立峰,葛水莲,李丹花,等.大孔吸附树脂分离纯化紫甘薯色素的研究[J].黑龙江农业科学,2015(12):116-119.

[214] CHEN Y,ZHANG W J,ZHAO T,et al. Adsorption properties of macroporous adsorbent resins for separation of anthocyanins from mulberry[J]. Food Chemistry,2016,194:712-722.

[215] 陈文良,李良华,张孝友.膜分离技术用于葡萄籽中低聚原花青素分离纯化的工艺研究[J].食品工业,2011,32(1):68-70.

[216] ZHAO J G,YAN Q Q,XUE R Y,et al. Isolation and identification of colourless caffeoyl compounds in purple sweet potato by HPLC-DAD-ESI/MS and their antioxidant activities[J]. Food Chemistry,2014,161:22-26.

[217] 张志军,张鑫,李会珍,等.环境因素和添加物对紫苏花青素稳定性的影响[J].食品研究与开发,2011,32(6):21-24.

[218] 陈云,孙长花,贺海燕.紫红薯及玫瑰花色素稳定性的研究[J].食品工业科技,2009,30(11):263-264.

[219] 王辉.木棉花红色素的提取及性质研究[J].林产化学与工业,2001,21(2):57-61.

[220] 严红光,张文华,丁之恩.兔眼蓝莓花青素稳定性研究[J].食品工业科技,2013,
34(13):119-124.

[221] 徐美玲,赵德卿.蓝莓花青素的提取及理化性质的研究[J].食品研究与开发,
2008,29(9):187-189.

[222] 石红旗,郝林华,赵贝贝.盐生植物翅碱蓬花青素类物质研究[J].中国海洋药物,
2005,24(6):32-36.

[223] 李月,陈锦屏.石榴果汁花青素的稳定性及其护色工艺研究[J].食品工业科技,
2004,25(12):74-76.

[224] 杨玲,刘利军,蒙春梅.紫罗兰马铃薯花青素的提取及稳定性研究[J].食品研究与
开发,2009,30(6):180-185.

[225] 张玲,邱松山,麦建华,等.黑布林皮中花青素的提取工艺优化及稳定性研究[J].
粮食与食品工业,2009,16(6):36-39.

[226] 王伟,马雨婷,张婷.新疆木纳格葡萄皮中花青素微波提取工艺及其稳定性研究
[J].中国调味品,2011,36(11):92-97.

[227] 关海宁,刁小琴.石榴汁花青素的制备与稳定性研究[J].饮料工业,2007,10(11):
25-28.

[228] 郭浩,杨卫民,王建勋.木枣果皮花青素稳定性研究[J].北京农业,2011(3):
13-15.

[229] 程琤,刘超,贺炜,等.紫甘薯花青素的稳定性及抗氧化性研究[J].营养学报,
2011,33(3):291-296.

[230] 洪積.玫瑰花营养成分分析及花青素稳定性研究[J].中国食物与营养,2011,
17(10):74-77.

[231] 林文超,王德森,刘维信.不同环境条件对紫色大白菜花青素稳定性的影响[J].山
东农业科学,2012,44(1):51-53.

[232] MAZZA G,FUKUMOTO L,DELAQUIS P,et al. Anthocyanins,phenolics,and
color of cabernet franc,merlot,and pinot noir wines from British Columbia[J].
Journal of Agricultural and Food Chemistry,1999,47(10):4009-4017.

[233] BĄKOWSKA A,KUCHARSKA A Z,OSZMIAŃSKI J. The effects of heating,
UV irradiation,and storage on stability of the anthocyanin-polyphenol copigment
complex[J]. Food Chemistry,2003,81(3):349-355.

[234] DOUGALL D K,JOHNSON J M,WHITTEN G H. A clonal analysis of anthocy-
anin accumulation by cell cultures of wild carrot[J]. Planta,1980,149(3):
292-297.

[235] 黄敬德,杨玲.喀什小檗花色素微胶囊化工艺及产品特性[J].食品科学,2011,

32(16):16-21.

[236] BETZ M,KULOZIK U. Whey protein gels for the entrapment of bioactive anthocyanins from bilberry extract[J]. International Dairy Journal,2011,21(9):703-710.

[237] BURIN V M,ROSSA P N,FERREIRA-LIMA N E,et al. Anthocyanins:optimisation of extraction from Cabernet Sauvignon grapes,microcapsulation and stability in soft drink[J]. International Journal of Food Science & Technology,2011,46(1):186-193.

[238] KANO M,TAKAYANAGI T,HARADA K,et al. Antioxidative activity of anthocyanins from purple sweet potato,ipomoera batatas cultivar ayamurasaki[J]. Bioscience,Biotechnology,and Biochemistry,2005,69(5):979-988.

[239] LU L Z,ZHOU Y Z,ZHANG Y Q,et al. Anthocyanin extracts from purple sweet potato by means of microwave baking and acidified electrolysed water and their antioxidation in vitro[J]. International Journal of Food Science & Technology,2010,45(7):1378-1385.

[240] 戴妙妙,王婷婷,马壮,等.紫娟茶中花青素的抗氧化性研究[J].中国食品添加剂,2015(7):117-122.

[241] CÔTÉ J,CAILLET S,DOYON G,et al. Antimicrobial effect of cranberry juice and extracts[J]. Food Control,2011,22(8):1413-1418.

[242] MANTENA S K,BALIGA M S,KATIYAR S K. Grape seed proanthocyanidins induce apoptosis and inhibit metastasis of highly metastatic breast carcinoma cells[J]. Carcinogenesis,2006,27(8):1682-1691.

[243] BOIVIN D,BLANCHETTE M,BARRETTE S,et al. Inhibition of cancer cell proliferation and suppression of TNF-induced activation of NF kappaB by edible berry juice[J]. Anticancer Research,2007,27(2):937-948.

[244] 高爱霞.花青素对 NCI-H460 细胞的增殖抑制与诱导凋亡作用[J].山东医药,2010,50(1):61-62.

[245] CHEN P N,CHU S C,CHIOU H L,et al. Mulberry anthocyanins,cyanidin 3-rutinoside and cyanidin 3-glucoside,exhibited an inhibitory effect on the migration and invasion of a human lung cancer cell line[J]. Cancer Letters,2006,235(2):248-259.

[246] MEIERS S,KEMÉNY M,WEYAND U,et al. The anthocyanidins cyanidin and delphinidin are potent inhibitors of the epidermal growth-factor receptor[J]. Journal of Agricultural and Food Chemistry,2001,49(2):958-962.

[247] 黄俊生.南姜表皮花青素清除亚硝酸盐及阻断亚硝胺合成的研究[J].中国中药杂

志,2012,37(2):243-246.

[248] 褚盼盼,李蕾,王洁,等.黑豆红色素对亚硝酸盐体外清除作用的研究[J].安徽农学通报,2016,22(19):39-41.

[249] 马淑青,吕晓玲,范辉.紫甘薯花色苷对糖尿病大鼠肾脏的保护作用[J].中国食品添加剂,2009(4):79-82.

[250] 邹宇晓,刘学铭,廖森泰,等.荔枝壳花青素对大鼠佐剂性关节炎的治疗作用研究[J].营养学报,2010,32(3):257-260.

[251] AHMADIAN Z,NIAZMAND R,POURFARZAD A. Microencapsulation of saffron petal phenolic extract:their characterization,in vitro gastrointestinal digestion,and storage stability[J]. Journal of Food Science,2019,84(10):2745-2757.

[252] 涂宗财,尹月斌,姜颖,等.超声波辅助提取玫瑰茄花青素的工艺优化[J].食品研究与开发,2011,32(10):1-5.

[253] LÓPEZ C J,CALEJA C,PRIETO M A,et al. Optimization and comparison of heat and ultrasound assisted extraction techniques to obtain anthocyanin compounds from Arbutus unedo L. Fruits[J]. Food Chemistry,2018,264:81-91.

[254] 黄瑜,段继华,黄伟,等.双水相法提取葡萄皮渣中花色苷[J].食品工业科技,2016,37(7):220-225.

[255] 王树宁,宋照军,黄滢洁,等.响应面法优化超声波辅助提取侧柏叶总黄酮工艺[J].食品研究与开发,2020,41(9):88-93.

[256] RYU D,KOH E. Application of response surface methodology to acidified water extraction of black soybeans for improving anthocyanin content,total phenols content and antioxidant activity[J]. Food Chemistry,2018,261:260-266.

[257] 杨馥溪.深度共熔溶剂提取花青素及其抗氧化性能评估和微胶囊制备的研究[D].广州:华南理工大学,2017.

[258] 韩霜.大目金枪鱼皮明胶的提取过程及性质探究[D].重庆:西南大学,2017.

[259] 陈程莉,李丰泉,刁倩,等.黑枸杞花青素微胶囊优化及理化特性分析[J].食品与发酵工业,2020,46(5):208-214.

[260] KANAKDANDE D,BHOSALE R,SINGHAL R S. Stability of cumin oleoresin microencapsulated in different combination of gum Arabic,maltodextrin and modified starch[J]. Carbohydrate Polymers,2007,67(4):536-541.

[261] LU D H,ZHANG M,WANG S J,et al. Nutritional characterization and changes in quality of Salicornia bigelovii Torr. during storage[J]. LWT-Food Science and Technology,2010,43(3):519-524.

[262] DESAI P D,DAVE A M,DEVI S. Alcoholysis of salicornia oil using free and covalently bound lipase onto chitosan beads[J]. Food Chemistry,2006,95(2):

193-199.

[263] JANG H S,KIM K R,CHOI S W,et al. Antioxidant and antithrombus activities of enzyme-treated Salicornia herbacea extracts[J]. Annals of Nutrition & Metabolism,2007,51(2):119-125.

[264] RHEE M,PARK H J. Salicornia Herbaceae:botanical,chemical and pharmacological review of halophyte marsh plant[J]. Journal of Medicinal Plants Research,2009,3:548-555.

[265] 陈美珍,宋彩霞,陈伟洲,等海芦笋提取物体外抗氧化活性的研究[J]. 食品科学,2009,30(21):71-74

[266] KONG C S,KIM J A,QIAN Z J,et al. Protective effect of isorhamnetin 3-O-β-D glucopyranoside from Salicornia herbacea against oxidation-induced cell damage [J]. Food and Chemical Toxicology,2009,47(8):1914-1920

[267] KIM Y A,KONG C S,UM Y R,et al. Evaluation of Salicornia herbacea as a potential antioxidant and anti-inflammatory agent[J]. Journal of Medicinal Food,2009,12(3):661-668.

[268] KIM J Y,CHO J Y,MA Y K,et al. Dicaffeoylquinic acid derivatives and flavonoid glucosides from glasswort (Salicornia herbacea L.) and their antioxidative activity[J]. Food Chemistry,2011,125(1):55-62.

[269] HWANG Y P,YUN H J,CHUN H K,et al. Protective mechanisms of 3-caffeoyl,4-dihydrocaffeoyl quinic acid from Salicornia herbacea against tert-butyl hydroperoxide-induced oxidative damage[J]. Chemico-Biological Interactions,2009,181(3):366-376.

[270] 顾婕,杨莉萍,赵微加,等. 海蓬子总黄酮提取工艺优化研究[J]. 时珍国医国药,2009,20(9):2274-2275.

[271] 徐青,卢莹莹,辛建美,等. 大孔树脂吸附分离海芦笋中黄酮类化合物工艺[J]. 食品科学,2011,32(2):115-119.

[272] IM S A,KIM K,LEE C K. Immunomodulatory activity of polysaccharides isolated from Salicornia herbacea[J]. International Immunopharmacology,2006,6(9):1451-1458.

[273] IM S A,LEE Y R,LEE Y H,et al. Synergistic activation of monocytes by polysaccharides isolated from Salicornia herbacea and interferon-Γ[J]. Journal of Ethnopharmacology,2007,111(2):365-370.

[274] LEE K Y,LEE M H,CHANG I Y,et al. Macrophage activation by polysaccharide fraction isolated from Salicornia herbacea[J]. Journal of Ethnopharmacology,2006,103(3):372-378.

[275] HAN E H,KIM J Y,KIM H G,et al. Inhibitory effect of 3-caffeoyl-4-dicaf-feoylquinic acid from Salicornia herbacea against phorbol ester-induced cyclooxy-genase-2 expression in macrophages[J]. Chemico-Biological Interactions,2010,183(3):397-404.

[276] KIM Y A,KONG C S,UM Y R,et al. Evaluation of Salicornia herbacea as a po-tential antioxidant and anti－inflammatory agent[J]. Journal of Medicinal Food,2009,12(3):661-668.

[277] KONG C S,KIM Y A,KIM M M ,et al. Flavonoid glycosides isolated from Sali-cornia herbacea inhibit matrix metalloproteinase in HT1080 cells[J]. Toxicology in Vitro,2008,2(7):1742-1748.

[278] RYU D S,KIM S H ,LEE D S. Anti-Proliferative Effect of Polysaccharides from Salicornia herbacea on Induction of G2/M Arrest and Apoptosis in Human Colon Cancer Cells[J]. Journal of Microbiol and Biotechnol,2009,19(11):1482-1489.

[279] VÁZQUEZ L,PRADOS I M,REGLERO G,et al. Identification and quantifica-tion of ethyl carbamate occurring in urea complexation processes commonly uti-lized for polyunsaturated fatty acid concentration[J]. Food Chemistry,2017,229:28-34.

[280] 牛之瑞,王振宇,冯雷,等.红松仁油中多不饱和脂肪酸纯化工艺研究[J].粮油加工,2010(10):16-18.

[281] 成琪,吕世明,李昭华,等.硝酸银硅胶柱层析分离血浆不饱和脂肪酸[J].中国生物工程杂志,2012,32(1):42-48.

[282] 王昌禄,吴志建,郭剑霞,等.银化硅胶柱层析提取红花籽油中亚油酸的方法:CN101921186A[P].2010-12-22.

[283] 郭剑霞,张谨华,潘玉峰.硝酸银-硅胶柱层析法分离纯化华山松籽油亚油酸[J].食品工业,2020,41(9):226-231.

[284] 郭剑霞,王昌禄,吴志建,等.分子蒸馏富集华山松籽油中亚油酸的研究[J].中国油脂,2011,36(4):40-43.

[285] 马楠,曹静洁,李蕾,等.分子蒸馏法富集核桃油多不饱和脂肪酸技术研究[J].食品工业,2015,36(4):110-113.

[286] 吴琼,邹险峰,陈丽娜,等.分子蒸馏法富集葵花油中的亚油酸[J].粮食与油脂,2015,28(10):28-30.

[287] 杨增松.一种利用玫瑰果油制备亚油酸的方法及亚油酸的应用:CN110257175A[P].2019-09-20.

[288] 甘争艳,付青存,贾殿赠.根霉脂肪酶选择性水解红花油富集亚油酸[J].工业催化,2016,24(9):75-77.

[289] PONGKET U,PIYATHEERAWONG W,THAPPHASARAPHONG S,et al. Enzymatic preparation of linoleic acid from sunflower oil:an experimental design approach[J]. Biotechnology & Biotechnological Equipment,2015,29:926-934.

[290] 侯雯雯,刘世川,杨东元,等.冷冻溶剂结晶法分离纯化混合脂肪酸中的亚油酸[J].中国油脂,2011,36(10):54-56.

[291] 付友兴.一种从山桐子毛油中提取亚油酸的方法:CN105837430A[P].2016-08-10.

[292] 荣辉,吴兵兵,杨贤庆,等.高速逆流色谱分离纯化脂肪酸的研究进展[J].食品工业科技,2017,38(13):319-323.

[293] CAO X L,ITO Y. Supercritical fluid extraction of grape seed oil and subsequent separation of free fatty acids by high-speed counter-current chromatography[J]. Journal of Chromatography A,2003,1021(1/2):117-124.

[294] 赵先花.文冠果油的提取与组分分析[D].长春:长春工业大学,2013.

[295] 张驰松,张玉林,狄飞达,等.从山桐子籽油中联产制备亚油酸和 α-亚麻酸的方法:CN111635308A[P].2020-09-08.

[296] 步知思,吕力琼,鲁梦霞,等.pH 区带逆流色谱应用与相关理论研究进展[J].药物分析杂志,2018,38(6):927-934.

[297] ENGLERT M,VETTER W. Overcoming the equivalent-chain-length rule with pH-zone-refining countercurrent chromatography for the preparative separation of fatty acids [J]. Analytical and Bioanalytical Chemistry, 2015, 407 (18): 5503-5511.

[298] ISLAM M S,CHRISTOPHER L P,ALAM M N. Separation and purification of ω-6 linoleic acid from crude tall oil[J]. Separations,2020,7(1):9.

[299] 王晓琴,黄兵兵,黄东方.一种茶叶籽油中油酸和亚油酸的分离方法:CN105316107A[P].2016-02-10.

[300] PATIL D,NAG A. Production of PUFA concentrates from poultry and fish processing waste[J]. Journal of the American Oil Chemists' Society,2011,88(4):589-593.

[301] 孟德旺.一种从棉籽中提取亚油酸的方法:CN107793311A[P].2018-03-13.

[302] 彭永健,许新德,邵斌,等.一种以植物油为原料纯化制备高含量亚油酸的方法:CN106590939B[P].2019-09-10.

[303] 王培燕,黄元波,刘守庆,等.三聚氰胺包合法分离不饱和脂肪酸[J].林产化学与工业,2019,39(2):115-121.

[304] LIANG D,HU Y F,MA W T,et al. Concentration of linoleic acid from cottonseed oil by starch complexation[J]. Chinese Journal of Chemical Engineering,

2019,27(4):845-849.

[305] HAN T,YANG G,CAO X L,et al. Preparative and scaled-up separation of high-purity α-linolenic acid from perilla seed oil by conventional and pH-zone refining counter current chromatography[J]. Journal of Separation Science,2019,42(14):2360-2370.

[306] 吴纯洁,蒲旭峰,赵朝伟.气相色谱法测定红花籽油中亚油酸的含量[J].华西药学杂志,2002,17(5):371-372.